DE LA CULTURE

DES

ARBRES FRUITIERS

PAR

M. P. JOIGNEAUX,

Auteur du Dictionnaire d'Agriculture Pratique,
de la Chimie du Cultivateur, d'un Traité sur les Amendements et les Engrais,
de : les Champs et les Prés, les Vignes et les Vins, etc., etc.

Bruxelles.

AU BUREAU DE LA BIBLIOTHÈQUE RURALE,

Tarlier, éditeur, rue de la Montagne, n° 51.

1854

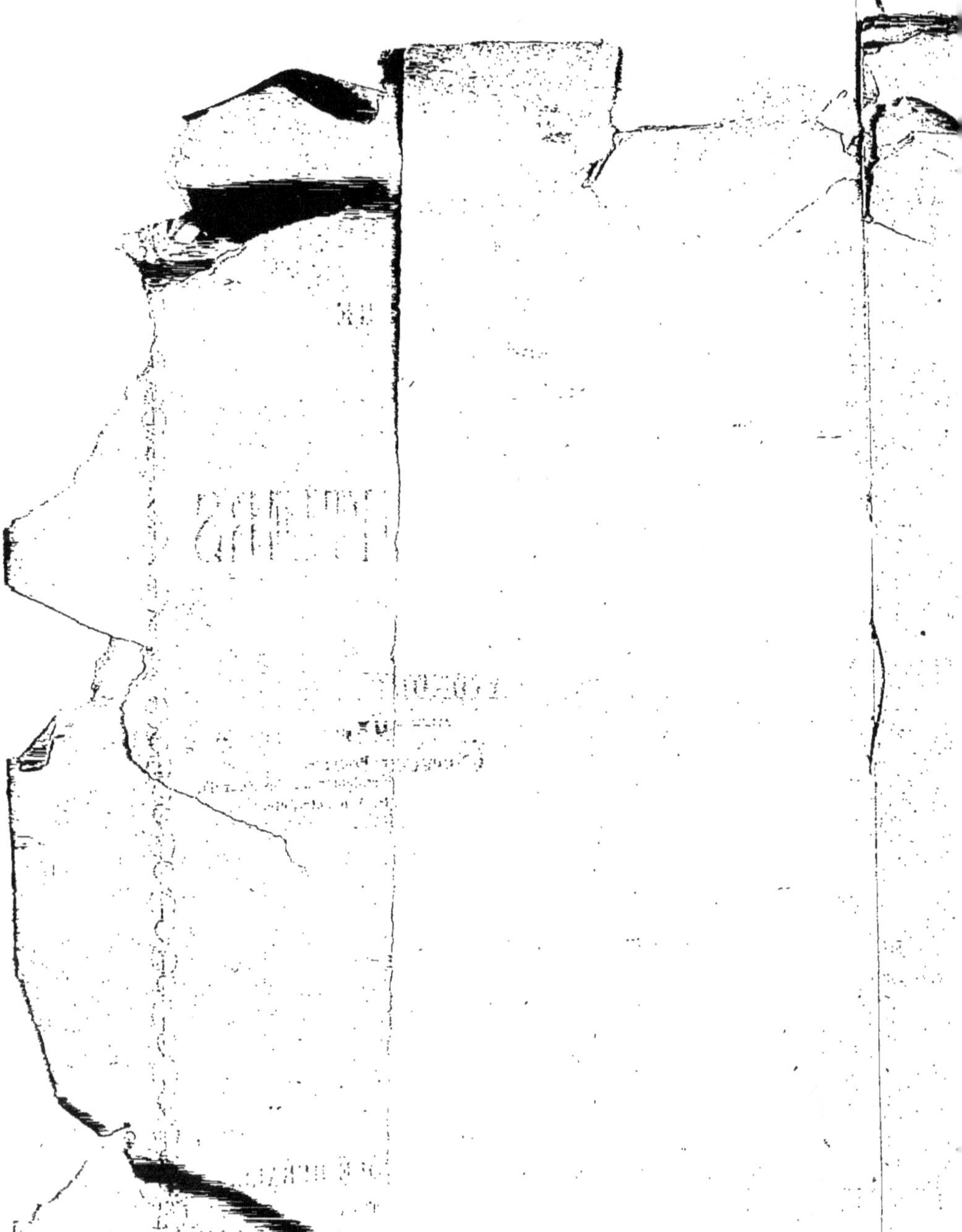

DE LA CULTURE

DES

ARBRES FRUITIERS.

Typographie de J. Vanbuggenhoudt.

DE LA CULTURE

DES

ARBRES FRUITIERS

PAR

M. P. JOIGNEAUX,

Auteur du Dictionnaire d'Agriculture Pratique,
de la Chimie du Cultivateur, d'un Traité sur les Amendements et les Engrais,
de : des Champs et les Prés, les Vignes et les Vins, etc., etc.

Bruxelles.
AU BUREAU DE LA BIBLIOTHÈQUE RURALE,
Tarlier, éditeur, rue de la Montagne, nº 51.

1854

tzoo
ver-
tge-
tond
zyne
twee
bete-
was,
n en
alles
baer
geve-
rdde
ik u
ngen
nker
oken
osten
... »
den.
g Se-
onste
elt. »
tenis
ver-
ging
ls van
nden
et on-

AVANT-PROPOS.

Il n'y a pas d'exploitation grande ou petite qui n'ait son verger ou son jardin ; mais trop souvent jardin et verger sont négligemment tenus. On donne volontiers son temps et sa peine au grain de blé qui germe, à la racine fourragère qui se forme, à la fleur qui s'ouvre, mais on ne prend pas le même souci des arbres fruitiers. Tantôt, on les laisse aller à l'aventure, comme la ronce des bois ; tantôt, les empiriques y mettent la main et les taillent à tort et à travers, comme on taille une haie, sans se rendre compte de leurs opérations et de leurs conséquences. Cependant, les belles productions fruitières ont assez d'importance en agriculture et payent assez généreusement les avances de main-d'œuvre pour avoir droit à quelques égards.

C'est pour cela qu'il serait désirable que chaque cultivateur négligeât moins cette branche de l'industrie agricole et eût les connaissances nécessaires pour choisir convenablement les jeunes arbres dans la pépinière, les planter, les tailler, les greffer et leur donner les soins d'entretien. C'est pour cela aussi que j'ai écrit ce livre.

Je n'ai voulu ni faire un traité complet d'arboriculture, ni hasarder des théories nouvelles. J'ai essayé simplement de mettre à la portée de tout le monde ce que j'ai appris, sur le terrain, de la bouche des jardiniers les plus habiles, et ce que j'ai observé moi-même. J'ai essayé enfin d'écrire toutes ces choses dans une langue comprise du paysan et dans un volume si mince qu'on peut le parcourir sans reprendre haleine.

J'ai adopté la forme du dialogue; j'ai dit ce que je savais ou croyais savoir, comme on dit les choses entre amis, au coin du feu, pendant les veillées d'hiver. Si, par ce moyen, je réussis à me faire lire, je réussirai, je l'espère, à me faire comprendre; et c'est là le but que je m'efforce d'atteindre.

Le jour où les notions les plus élémentaires et les plus faciles à saisir seront répandues et vulgarisées, les vergers et les jardins seront vite transformés. Autant l'art du jardinier semble aride, au premier abord, autant il vous passionne quand la science se met de la partie et donne l'explication des travaux que l'on exécute. Si l'on reste d'habitude indifférent aux choses que l'on ne comprend pas, en revanche, l'on s'attache sérieusement aux choses que l'on comprend bien.

L'homme instruit qui se rend compte des opérations agricoles, tient au sol non-seulement à cause des avantages matériels qu'il peut en retirer, mais aussi et surtout à cause des jouissances d'esprit qu'il lui procure. Le pauvre cultivateur, au contraire, celui qui fait machinalement tous les jours ce que faisait son père, ce que faisait son grand-père et ce que firent tant d'autres avant eux, ne s'attache au sol qu'en raison du bien-être matériel qu'il en attend. Lorsqu'il s'arrête devant une belle végétation, ce ne sont ni les fleurs délicates, ni les feuilles charmantes qui le transportent ; il se laisse tout bonnement séduire par l'espoir que la moisson sera bonne. En voyant l'herbe verte et drue, il ne songe qu'à l'épi, au rendement par hectare et au prix de l'hectolitre. C'est tout naturel ; cela est, parce que la force des choses veut que cela soit. Il en est de même pour l'homme qui, au déclin de l'automne, plante machinalement un pommier ou un poirier. Rien ne l'émeut vivement, si ce n'est l'espérance que la reprise sera heureuse, que les fleurs seront nombreuses un jour, noueront bien et porteront de beaux fruits. Le vrai cultivateur d'arbres, celui qui raisonne et est un peu dans les secrets de la nature, a, sans doute, lui aussi, cette même espérance, mais il a quelque chose de plus. Il ressent des émotions douces, des joies vives, et des appréhensions que l'autre ne connaît point. Il a pour ses arbres une affection sérieuse; il les visite souvent, les soigne comme des enfants, les soumet à ses fantaisies, les abrite contre le froid, les protége contre les animaux et les insectes, les nourrit quand ils ont faim, les désaltère quand ils ont soif. Il les aime pour eux-mêmes, soit que la séve dorme ou que la feuille pousse, soit que la fleur éclose ou que le fruit pende aux rameaux. C'est l'artiste qui se mire dans son œuvre.

Je ne connais pas d'existence plus remplie, plus complète, ni plus agréable que celle d'un cultivateur d'arbres, comprenant ce qu'il fait. Aussi, je m'estimerais heureux si je pouvais, de loin en loin, allumer chez mes lecteurs ce feu sacré qui exerce l'intelligence, réjouit le cœur et attache fortement l'homme au sol.

C'est pourquoi je demande aux formes les plus simples, les plus vulgaires du langage, le moyen d'amener ceux qui remuent la terre à se dire un jour : — Je fais ceci pour telle raison, cela pour telle autre raison.

Lorsque la tête travaillera en même temps que le bras, lorsque le cerveau donnera l'explication de ce que fait l'outil, la profession de cultivateur sera, croyez-le bien, la plus attachante entre toutes, et personne ne songera plus à déserter ces champs qui tiennent cachées sous chaque motte la pâture du corps et la pâture de l'esprit.

Saint-Hubert (Belgique), novembre 1852.

LES

ARBRES FRUITIERS.

I

DES TERRAINS QUI CONVIENNENT AUX ARBRES FRUITIERS.

On était à la fin du mois de mars, et c'était un dimanche. Les hommes ne veillaient déjà plus, car les travaux reprenaient aux champs, et quand les travaux reprennent, les jambes rentrent dans le corps, les yeux se ferment aussitôt après souper et chacun ferait volontiers, dans son lit, le tour du cadran. Mars, c'est déjà le moment de semer les avoines. Or, Jean-Pierre, Nicolas et les autres en semaient large pour leur compte, faisaient du chemin dans les terres labourées, soufflaient épais d'aucunes fois, et ne dansaient point en rentrant. Aussitôt chez eux, ils ôtaient leurs souliers ferrés et leurs guêtres, prenaient, comme l'on dit, un air de feu, mangeaient la soupe et quelque chose avec, mettaient pendant cinq minutes le nez dans un almanach, et puis après, la tête tombait, il n'y avait plus de Jean-Pierre, plus de Nicolas, plus personne. Vers huit heures et demie, on poussait le verrou, on couvrait le feu et on éteignait la lampe fumeuse. En conséquence, il n'était plus possible de passer les soirées chez M. Mathieu, et voilà aussi pourquoi il avait été convenu qu'on se réunirait le dimanche matin, vers dix heures, après la messe.

— Votre serviteur, monsieur Mathieu.

— Bonjour, Jean-Pierre.

— Nous vous amenons le beau temps, monsieur Mathieu.

— Tant mieux, mon garçon, les avoines semées à l'avance ne germeront pas sur la terre.

— C'est donc à partir d'aujourd'hui, monsieur Mathieu, que vous allez nous parler des arbres fruitiers.

— Oui, mon garçon, et ce n'est pas sans besoin. Qui est-ce qui connaît les arbres dans nos campagnes, les cultive, les entretient et sait les mener à bien? Personne. Il y en a d'aucuns que l'on ne prend pas même la peine de planter. Une pie laisse tomber une noix volée; un merle ou un moineau laisse tomber une cerise; la noix et la cerise germent, les pousses montent, les feuilles s'ouvrent, et voilà des arbres pour plus tard. S'ils amènent de beaux fruits, tant mieux; s'ils n'en amènent que de chétifs, tant pis; au petit bonheur. Les trois quarts des gens portent plus d'intérêt à un gros peuplier qu'à un beau poirier, et pourtant l'un, dans tout son corps, ne vaut pas l'autre dans une seule de ses branches. Le cultivateur arrachera un brin de nielle dans ses champs de blé, une poignée de chiendent dans ses terres labourées; il fera la guerre aux altises dans ses colzas, aux limaçons dans ses choux, aux pucerons noirs dans ses fèves, aux pucerons verts sur ses rosiers; mais il ne bougera pas d'une semelle pour dénicher les vers blancs au pied des arbres, pour détruire le gui, brosser la mousse, tailler, receper, ni greffer. N'étaient les arrêtés de l'administration et la peur de l'amende, il ne se donnerait même pas la peine d'écheniller. Aussi, vous ne rencontrez presque partout dans les campagnes que des arbres mal faits, moussus, chancreux, venant comme ils peuvent, ne recevant rien de personne et donnant pour la plupart des fruits dégénérés, graveleux, fendillés. Sans doute, il y a des exceptions, mais elles sont bien rares. Pour un arbre de valeur, vous en trouverez des centaines qui ne valent que le coup de cognée.

— C'est vrai, dit Jean-Pierre.

— As-tu jamais vu labourer au pied des arbres à fruits? demanda M. Mathieu.

— Non, jamais, répondit Jean-Pierre, à moins pourtant qu'il n'y ait des pommes de terre, des betteraves ou des haricots autour. Dans tous les cas, s'ils profitent de la besogne, ce n'est que par contre-coup; elle n'a pas été faite pour eux.

— As-tu jamais vu donner de l'engrais aux arbres?

— Pas davantage.

— Pourtant, sans mentir, ils valent mieux que quelques touffes de pommes de terre et quelques bottes de légumes.

— Assurément oui, dit Jean-Pierre; mais que voulez-vous? les gens du temps passé et ceux d'aujourd'hui se sont imaginé et s'imaginent que le bon Dieu aidant, les arbres peuvent aller bien tout seuls, sans le secours de personne.

— Je le sais, répondit M. Mathieu, et c'est là une erreur que je veux détruire chez vous, afin qu'à votre tour vous la détruisiez chez d'autres. Pour qu'un arbre réussisse bien, donne de beaux fruits et dure longtemps, il faut des soins qui ne finissent pas, c'est à passer sa vie autour, hiver comme été, automne comme printemps. Et la chose en vaut la peine; il y a du profit au bout.

La première précaution à prendre, continua M. Mathieu, c'est d'étudier le terrain et de tenir compte du climat, afin de s'assurer que les racines se plairont dans l'un et que les fruits mûriront sous l'autre.

La meilleure terre pour un arbre est celle qui donne une vie longue, une végétation vigoureuse; les fruits les plus beaux et les plus savoureux. Ainsi, une terre peut être excellente pour un arbre d'une espèce et médiocre pour un arbre d'une autre espèce. Il y a des pommiers qui vivent très-bien où des poiriers périraient vite, parce que les racines des poiriers, qui pivotent, demandent plus de profondeur que celles de certains pommiers qui s'étendent presque à ras sol. Il y a des arbres qui vivent dans une terre sèche et aride, comme le châtaignier, tandis que d'autres n'y pousseraient point, de façon que ce qui est bon pour le châtaignier serait mauvais pour une autre espèce. Une vigne en terre froide a beaucoup plus d'apparence et produit plus qu'en terre calcaire; mais aussi le raisin vaut moins et le vin aussi, et j'en conclus que la terre calcaire est meilleure pour la vigne qu'une terre forte. Enfin, vous remarquerez que les fruits venus en terrain humide n'ont ni la saveur exquise, ni le bouquet, ni le ton de chair des fruits venus en terre sèche ou égouttée.

D'après cela, il est clair que le meilleur emplacement pour les arbres serait celui qui réunirait plusieurs sortes de terrains et pourrait satisfaire les différents goûts des végétaux. Mais ces conditions-là se rencontrent rarement, et faute de grives, il faut savoir manger des merles.

Avec un terrain profond, bien ameubli, bien égoutté par les assainissements, et ne reposant point sur un sous-sol de glaise, il y a toujours moyen de faire une plantation. Les arbres qui se contentent de peu de fond, n'en prennent que selon leurs besoins; ceux qui veulent aller chercher leur vie loin en terre, vont où bon leur semble, et ne trouvent d'empêchement d'aucune sorte.

Vous éviterez le voisinage trop rapproché des forêts, surtout à cause des eaux qui pourraient en descendre et communiquer aux fruits l'âpreté du tannin.

Vous éviterez aussi le voisinage rapproché des des marais, car les filtrations seraient à craindre et les émanations donneraient aux fruits un goût de vase.

Quant aux expositions, toutes conviennent, même le nord parfois. Néanmoins, faites en sorte que la plantation regarde le levant et le midi, si elle occupe un coteau. Si elle est en plaine, arrangez-vous de façon à l'abriter par des massifs contre les vents du nord et du couchant.

Ne plantez ni sur une vigne nouvellement arrachée, ni sur un bois tout frais défriché, ni sur une luzernière rompue, car, d'une part, la vigne et la luzerne, avec leurs longues racines, ont appauvri les profondeurs du terrain ; et d'autre part, il y a trop d'acides dans une défriche de bois.

Ne plantez pas non plus vos jeunes arbres au lieu et place d'un vieux verger. Les bons morceaux sont mangés ; il ne reste que les miettes du repas. Où les vieux arbres ont bien vécu, les jeunes ne seraient pas à leur aise. Table desservie ne fait pas le compte de ceux qui ont l'appétit ouvert.

II

DU CHOIX DES ARBRES A PLANTER.

— Les bonnes espèces et les bonnes variétés d'arbres, continua M. Mathieu, ne coûtent pas plus à élever que les mauvaises. Elles n'occupent pas plus de place, n'exigent pas plus de main-d'œuvre et n'avalent pas plus d'engrais. Cherchons donc ce qui est bon et laissons ce qui est mauvais.

— C'est aisé à dire, interrompit Jean-Pierre, mais difficile à exécuter. Avec les jardiniers, on ne traite pas sur échantillon; on achète chat en poche. La pépinière me produit l'effet d'une loterie. Tant que les numéros restent roulés, ils ont l'air de se valoir, mais quand on les ouvre, c'est une autre affaire; il y a quelque chose au bout des uns, il n'y a rien au bout des autres; ceux-ci perdent, ceux-là gagnent. De même pour les petits arbres de la pépinière. Ils ont aussi l'air de se valoir; ils payent de mine les uns comme les autres; on met la main dans le tas, mais ce n'est que trois ou quatre ans plus tard que l'on sait à peu près si l'on a perdu ou gagné.

— C'est malheureusement la vérité, répondit M. Mathieu. Le jardinier seul a le secret de l'avenir, car personne autre que lui ne sait d'où sortent ses greffes. Il faut donc s'en rapporter à sa parole, à moins de se créer une pépinière, ce qui serait long et de difficile entretien. Ainsi, c'est chose convenue, vous passerez par les mains du pépiniériste. — Seulement, prenez quelques précautions. Choisissez-le honnête homme autant que possible. Vous serez sûr déjà qu'il ne vous vendra point du martin-sec pour du beurré gris.

Et puis, n'attendez pas pour acheter vos sujets que le moment de la transplantation soit venu et que les feuilles soient tombées. Allez à la pépinière en septembre et faites votre choix dans ce moment-là. Voici pourquoi : — Il y a des plants qui se dégarnissent de leurs feuilles par le haut, au lieu de se dégarnir par le bas. Ceux-là ne sont pas d'une bonne santé; ils ont une constitution manquée, ne feront pas de vieux bois et ne donneront pas des produits de qualité. Vous pourrez donc les rebuter. Si vous attendiez six semaines ou deux mois, comment les distingueriez-vous des autres, puisque tous seraient dépouillés de leur feuillage?

Choisissez en outre ceux qui ont le jet vigoureux, la peau claire, le teint animé et les yeux du bas bien marqués.

Les gens de chez nous qui se fournissent à la pépinière de la ville, laissent ordinairement les petits sujets et leur préfèrent les gros, ceux qui ont une touffe de rameaux à la tête et sur les côtés. Ils sont pressés d'avoir du fruit, payent plus cher et croient avoir pris la pie au nid. C'est une erreur, ils ne font que rendre service au pépiniériste, en le débarrassant de plants de rebut qui reprennent mal, sont difficiles à former et à conduire et rendent peu. Quand je veux un poirier, un pommier, ou un prunier, je les choisis vigoureux et simples comme des baguettes d'osier. C'est ce qu'on nomme des *scions*. Pourvu qu'ils aient les yeux bien marqués, j'en ferai ce que bon me semblera, ou des pyramides, ou des espaliers, ou des plein-vents. Et ils seront tôt venus.

Si cependant, vous teniez à donner la forme de vases ou de gobelets à des pommiers nains, vous feriez bien de prendre dans la pépinière des sujets à trois rameaux. Votre travail de charpente serait tout préparé.

Voici encore un bon conseil : — Toutes les fois que vous achèterez des sujets, vous regarderez de près à l'écorce et aux yeux qui se rapprochent de la greffe. Si vous découvriez sur l'écorce des taches de maladie, ou si vous aperceviez des yeux éborgnés, mangés, rongés par des vers, les sujets ne vaudraient rien ; les chancres finiraient par s'y mettre.

Ce que je viens de vous dire regarde surtout les poiriers, les pommiers, les pruniers et les cerisiers ; voici maintenant ce qui regarde surtout les pêchers et les abricotiers. Pour ceux-ci, vous pouvez vous passer du pépiniériste. Faites germer des noyaux provenant de pruniers en pleine vigueur, plantez-les précisément où vous voulez élever des pêchers, procurez-vous des boutures de pêchers chez des amateurs bien fournis, et greffez sur vos jeunes pruniers, lorsqu'ils vous paraîtront assez vigoureux. Si, cependant, vous aimiez mieux vous adresser à un pépiniériste, ne prenez que des sujets à une seule pousse ou au plus à deux pousses, formant la fourche. Choisissez-les vigoureux et n'oubliez pas que les yeux qui se rapprochent de la greffe doivent être bien conformés.

Les abricotiers se reproduisent très-bien avec leurs noyaux et donnent des fruits qui ne dégénèrent pas, pourvu que les noyaux plantés ne proviennent point d'arbres greffés.

— Vous m'excuserez, monsieur Mathieu, si je vous coupe la parole, dit Jean-Pierre. J'ai une chose à vous demander. Supposons, — les suppositions ne coûtent guère, — supposons que l'idée me vienne de mettre en jardin le carré que j'ai semé en colza d'hiver, derrière la maison. Supposons après que je veuille y planter un peu de tout, en fait d'arbres à fruits, de poiriers, de pommiers, de pêchers, d'abricotiers, de pruniers et de cerisiers, comment faudra-t-il que je m'y prenne avec le jardinier pour avoir du bon? faudra-t-il que je m'en rapporte à lui?

— Pas du tout, répondit M. Mathieu. Avant de demander, on doit savoir ce que l'on veut.

— Mais je ne connais pas les noms des espèces, les vrais noms.

— Patience, reprit M. Mathieu, je vais te dire quelles sont, au jour d'aujourd'hui, les meilleures et les plus recherchées des gourmands. Qui veut produire pour vendre, doit nécessairement consulter les goûts de ceux qui achètent... As-tu un crayon et une feuille de papier, Jean-Pierre?

— Oui, monsieur Mathieu, ces choses-là ne me quittent pas.

— Eh bien, écris au fur et à mesure de ma dictée.

Jean-Pierre tira de sa poche de veste un gros carnet recouvert en parchemin, prit le crayon, porta la pointe à ses lèvres, leva le nez en l'air et attendit.

— Les poires que je vous recommande, commença M. Mathieu, ne sont pas ces vieilles et délicieuses variétés d'hiver, d'origine française, qui chez nous demandent les murs d'espalier, les abris, toutes sortes de petits soins et ne trouvent pas que notre soleil soit assez chaud. Celles-ci ne feraient point votre compte; préférez-leur autant que possible des variétés gagnées en Belgique même, c'est-à-dire bien acclimatées, robustes, et que chacun de vous puisse à sa fantaisie élever en pyramides ou en plein vent, vous serez sûrs ainsi d'obtenir de belles récoltes. Ceci bien entendu, arrangez-vous ensuite de façon à avoir des poires toute l'année. Voulez-vous en manger à la fin de juillet et au mois d'août, plantez l'épargne ou beau-présent, le doyenné de juillet de Van Mons, le beurré Giffard et le citron des Carmes. En voulez-vous pour le mois de septembre, plantez le beurré d'Amanlis, le bon chrétien Williams, la gratiole, le petit rousselet, la calebasse d'été d'Esperen, les délices de Jodoigne et le seigneur d'Esperen. Quant aux poires qui mûrissent du 1er octobre au 15 novembre, leur nombre en est si grand qu'en vérité nous avons l'embarras du choix. Si vous pouvez disposer de quelques pieds de mur au levant ou au midi, essayez de cultiver en espalier l'ancien et excellent beurré gris ou doré et la bergamote crassane, ou bien encore le beurré Colmar de Van Mons, la poire de Tongre, le beurré Capiaumont, le beurré des bois, le triomphe de Jodoigne, le beurré Clairgeau, la calebasse Bosc, le conseiller de la cour, le Frédéric de Wurtemberg, le Jules Bivort, le beurré six et la Charlotte de Brouwere. Voulez-vous des fruits mûrs vers la seconde quinzaine de novembre, choisissez pour espalier le passe-Colmar, le beurré d'Ardenpont, l'orpheline d'Enghien, le Saint-Germain, le Bezy de Chaumontel, et, pour pyramides, le beurré Berckmans; le beurré Diel, le Bouvier bourgmestre, le Colmar de Silli, le comte de Flandre, le duc de Brabant Van Mons, la poire des deux sœurs, le doyenné Dillen, le Colmar d'Arenberg, le grand soleil, ne plus meuris, le soldat laboureur, la princesse Charlotte. Voulez-vous des poires bonnes à manger de janvier en mars, mettez en espalier deux poires anciennes, la Virgouleuse et le Colmar, ou bien cultivez en pyramides Alexandre Bivort, Joséphine de Malines, doyenné d'hiver, prince Albert, beurré de Rance, poire prévôt, beurré de Wetteren, beurré gris d'hiver de Luçon, Zephyrin Grégoire et Colmar Nélis.

Voici maintenant les noms de quelques poires qui se conservent jusqu'en juin et même en juillet : bergamote d'Alençon, beurré Bretonneau, bergamote de Pâques. Voulez-vous enfin des poires à cuire, cultivez le catillac, l'angora et même le bon chrétien d'hiver, mais à la condition que vous élèverez ce dernier en espalier.

— Il y a de quoi choisir, n'est-ce pas Jean-Pierre ?

— Certainement oui, monsieur Mathieu.

— Reprends ton crayon, Jean-Pierre, continua M. Mathieu, voici maintenant les pommes que je te recommande, ce sont : le calville blanc pour espalier, les deux reinettes du Canada, la grise et la blanche, la reinette de Versailles, les diverses variétés de court-pendu, d'une si longue conservation, le rambour, la reinette d'Angleterre, la reinette dorée, le pepin d'or, la pomme Joséphine, les magnifiques pommes anglaises, reinette de Cantorbery et Bedfordshir. En fait de pommes précoces, choisissez le calville rouge d'automne et les pommes neige et framboise.

Continue Jean-Pierre, reprit M. Mathieu, et note bien que les meilleures prunes à cultiver dans un jardin sont : la reine Claude verte, dorée et violette, la mirabelle, le gros monsieur hâtif, le perdrigon violet ou prune de Brignolles, le drap d'or, la reine claude de Bavay et les belles prunes anglaises et américaines, Washington, coé gold dendrop, ponds-seidling et kerks-plum. Pour sécher, cultivez les questches, les diaprée et impériale violette.

Quant aux cerises, je vous recommande la cerise anglaise hâtive, la belle de Chatenay, la belle de Choisy, la griotte de chaux, la reine Hortense, le gros bigarreau noir, le rose, la royale tardive, la cerise de Portugal.

En fait d'abricots, je vous recommande : l'abricot-pêche ou de Nancy, le précoce d'Esperen, l'abricot de Hollande et l'Alberge.

Quant aux pêches, je vous les ai réservées pour la bonne bouche. Les cultivateurs de Montreuil, près de Paris, qui se connaissent en bonnes pêches, donnent la préférence aux suivantes : mignonne hâtive, grosse mignonne, chevreuse tardive ou Bonnouvrier, Galande ou Bellegarde ; viennent ensuite la pourprée hâtive, la grosse violette, la Madeleine de Courson, la pucelle de Malines, la Ramackers et les brugnons blanc et violet. Défiez-vous de la plupart des pêches tardives qui mûrissent en octobre, comme la bourdine, le teton de Vénus et les Pavie, car, d'ordinaire, elles ne valent rien en Belgique, où la saison des pêches ne doit pas se prolonger au delà du mois de septembre.

— A présent, Jean-Pierre, que tu as sous la

main les noms des bonnes variétés de fruits, tu pourrais, ajouta M. Mathieu, aller chez le premier pépiniériste venu, parler sa langue et lui montrer que tu ne sors ni de ton village, ni de l'autre monde.

— Oh çà, oui, fit Jean-Pierre.

— Maintenant, reprit M. Mathieu, mettons que les sujets soient achetés, que tu aies donné ta parole et des arrhes avec, il reste deux choses à faire: les arracher de la pépinière d'abord et ensuite les transporter dans ton jardin.

— Pour le coup, interrompit Jean-Pierre, je réponds des deux choses; ce n'est pas la mer à boire que d'arracher un petit arbre de rien et de le mettre en place ailleurs. J'ai, Dieu merci, arraché et planté mieux que cela.

— Ne cours pas ainsi les champs, mon garçon, dit M. Mathieu. Il est rare que les jardiniers se donnent la peine d'arracher comme il faut, en sorte que tu risques de voir les racines déchirées et meurtries. Fais tes conditions d'abord et ne regarde pas à une *drinkgelt* que tu payeras de bon cœur, si la besogne ne laisse rien à reprendre. Il est rare aussi que les arbres soient bien plantés. Ce n'est pas savoir planter, que de creuser un trou, mettre l'arbre dedans, ramener de la terre autour et donner des coups de talon dessus. Suis bien les conseils que je vais te donner à ce sujet-là.

III

DE LA PLANTATION DES ARBRES ET DES ENGRAIS QUI LEUR CONVIENNENT.

— La réussite d'un arbre, continua M. Mathieu, dépend de plusieurs choses, mais surtout de la plantation. Bien planté, bien réussi. Or, généralement, le monde qui n'en fait pas métier, n'entend rien à cette besogne. Dans nos campagnes, où les personnes n'ont pas même soin de leur santé, on ne s'inquiète guère de celle des arbres. Parce qu'ils ne parlent point et ne se plaignent point, on s'imagine qu'ils ne sentent guère, qu'ils sont durs au mal, que les petits soins ne leur servent de rien. Un arbre languit, sa peau devient sombre, la mousse s'y attache, ses branches meurent l'une après l'autre; que dit on? On dit que la terre ne lui convient pas. La terre a bon dos. Comment l'a-t-on choisi, comment l'a-t-on planté, comment l'a-t-on cultivé cet arbre? On se tait sur ces différents points, lorsque peut-être les causes du mal ne sont pas ailleurs.

Voici de quelle manière on doit s'y prendre :

Un mois ou six semaines avant la plantation, et

lorsqu'on se trouve sur un terrain qui n'a pas été défoncé d'abord, on prépare les trous sur deux mètres carrés au moins, dans un sol médiocre. Si le sol est riche, on leur donne un peu moins de surface; on les creuse à 1 mètre 50 cent., 1 mètre 75 ou 1 mètre 80 de profondeur. On ne mêle point les terres sorties des trous. Sur un bord, on place celle qui se trouvait à la surface, c'est-à-dire celle qui a été cultivée, qui a vu l'air et le soleil et qui est par conséquent fertile. Sur un autre bord du trou, on place celle qui vient de dessous, la terre vierge, celle qui a besoin de voir le soleil et de prendre l'air pour produire. Vous verrez tout à l'heure pourquoi il est bon de ne pas confondre l'une avec l'autre.

Lorsque le terrain a été défoncé profondément, il n'est pas nécessaire de préparer les trous six semaines à l'avance; quelques jours suffisent. — J'ajoute en passant que les plantations d'automne réussissent ordinairement mieux que celles faites après l'hiver. La seconde quinzaine d'octobre et la première de novembre, voilà le bon moment. La terre alors n'est pas refroidie; il lui reste assez de tiédeur pour favoriser à propos le développement du chevelu.

Maintenant que nous sommes fixés sur la saison et que nos trous sont prêts, occupons-nous des arbres à planter. Je vous ai déjà dit qu'il fallait les choisir avec soin, les arracher avec toutes sortes de précautions et ne point déchirer ni meurtrir les racines. Il faut de plus ne pas les laisser exposées à l'air et prendre garde à la gelée. Si vous n'avez pas le temps de planter de suite, mettez-les plants en jauge, un à un, et recouvrez de terre les racines. Quand vous serez prêts, vous les sortirez de la jauge au fur et à mesure de la plantation et vous commencerez par les *habiller*. Habiller un arbre, c'est lui faire sa toilette. Vous examinez de près les racines, vous supprimez avec la serpette celles ou parties de celles qui seraient endommagées, déchirées ou foulées, et vous avez soin de pratiquer la coupe en dessous, de façon qu'elle porte bien sur le sol. N'oubliez pas non plus d'ébarber délicatement le chevelu.

La toilette de l'arbre achevée, vous ramènerez dans le trou la terre végétale mise de côté, celle qui était au-dessus, avant que ce trou fût fait. Si la plantation avait lieu dans un verger ou dans une prairie; si, par conséquent, pour ouvrir le trou, il avait fallu enlever des gazons, il faudrait les hacher avec la bêche avant de s'en servir. Vous n'enterrerez pas trop profondément et vous vous rappellerez qu'en se tassant, la terre s'affaissera de 3, 4 et même 5 centimètres environ par 33 centimètres de profondeur.

— Patience, Jean-Pierre, continua M. Mathieu, nous ne sommes pas encore au bout des précautions. Si les racines de l'arbre que vous avez à planter sont plus fortes d'un côté que de l'autre, placez les fortes dans la direction du nord, attendu que le nord favorise moins la végétation que le midi.

Ceci bien entendu, vous pouvez mettre l'arbre en place. Deux hommes ne sont pas de trop pour cette opération délicate. L'un soutient la tige, tandis que l'autre, avec la main, arrange les racines dans leur direction naturelle. Si dans ce moment, vous avez du terreau presque usé à force d'être pourri, servez-vous-en, prenez-en deux ou trois pelletées que vous éparpillerez à la main sur les racines, après quoi, vous ramènerez la terre neuve dans le trou. Ne la jetez point brutalement, cette terre, arrangez-vous au contraire de façon qu'elle tombe en se divisant. Pour cela, on imprime des secousses répétées au manche de la bêche. Mais pour cela aussi, il ne faut pas avoir affaire à une terre humide ou boueuse.

Habituellement, lorsqu'un jeune arbre vient d'être planté, on le soulève par petites secousses, afin de remplir les vides qui pourraient se trouver près des racines. Ensuite, on piétine vigoureusement la terre autour de la tige. M. Hardy, de Paris, se récrie contre ces moyens-là. Il pense qu'en garnissant de terre les racines, en dessous et en dessus, avec la main, il n'y a plus de vides possibles; il pense que le soulèvement par secousses est nuisible en ce qu'il dérange la direction des racines. C'est peut-être pousser la crainte un peu loin. Quant au tassement forcé de la terre avec les pieds, autour de la tige, je suis de l'avis du savant praticien, on abuse du coup de talon. Il suffit d'un tassement léger pour protéger contre les influences atmosphériques les racines les moins profondes.

— Pardon, monsieur Mathieu, si je vous interromps. Je voudrai savoir votre opinion sur le point que voici: — Vaut-il mieux défoncer le terrain que de ne pas le défoncer? Vaut-il mieux planter dans des trous séparés que de planter de distance en distance dans de larges tranchées, comme qui dirait des fossés.

— J'aime mieux, répondit M. Mathieu, un profond défoncement d'abord et ensuite la plantation dans des tranchées. C'est plus coûteux, mais c'est de l'argent bien placé... Tu n'as plus rien à me demander, Jean-Pierre ?

— Non, monsieur Mathieu.

— Je continue donc. Quand pour ne pas défaire une ligne ou pour tout autre motif, on a besoin de planter un arbre à la place d'un autre, il faut commencer par renouveler la terre en totalité, si, toutefois, il s'agit d'arbres de même espèce et vivant de la même nourriture. Dans le cas contraire, ce n'est pas toujours nécessaire.

Avant de planter des espaliers contre un mur, défoncez la totalité de la terre de la plate-bande sur deux mètres de largeur. — Il y a des personnes qui recommandent de placer l'onglet de la greffe du côté de la muraille. Quand on peut le faire, on fait bien, mais cela n'est pas toujours possible. Cela dépend de la position que les yeux occupent sur le jeune arbre.

Plantez les petits arbres d'espalier à quinze ou seize centimètres de la muraille, la greffe hors de terre autant que possible. Dans les terrains très-légers, très-secs, très-sablonneux, on doit planter à deux centimètres plus bas que dans les terrains substantiels. Il faut aussi avoir soin d'incliner légèrement sur la muraille la partie élevée de l'arbre. Dans le cas où des racines vous gêneraient, ne les coupez pas, forcez-les à se diriger de chaque côté le long du mur. Si vous avez affaire à un jeune pêcher, n'en supprimez pas les branches avant le printemps.

Vous savez, mes amis, que les arbres se partagent en arbres à racines traçantes et en arbres à racines pivotantes, c'est-à-dire qui vont bas en terre. Or, à propos de ces derniers, n'imitez pas les personnes qui ont la détestable habitude de retrancher le pivot, avant la plantation. S'il est trop long, courbez-le. En le retranchant, vous détruiriez le plus solide point d'appui et le conduit principal de la séve.

— Monsieur Mathieu, demanda Jean-Pierre, doit-on retrancher la tête et élaguer les branches d'un arbre, lorsqu'on vient de le planter ?

— Pour les arbres de ligne et d'agrément, non. On doit se borner à dégarnir, à enlever les branches qui font confusion. Pour les arbres fruitiers, les avis sont partagés. M. Hardy déclare qu'il n'a point remarqué de différence entre ceux qu'il a taillés l'année même de la plantation et ceux qu'il n'a pas taillés. Il y a cependant une exception à faire à l'égard des arbres greffés sur coignassier. Taillez-les la même année. Quant à ceux greffés sur franc, ce n'est pas nécessaire.

Il peut arriver qu'il prenne fantaisie à des personnes de transplanter de vieux arbres, comme qui dirait des arbres de quinze ou vingt ans, par exemple. C'est une opération que je ne vous conseille pas d'entreprendre ; mais enfin, si le cas se présentait, vous auriez soin d'enduire la tige entière et même les branches avec de la terre franche mêlée de bouse de vache. Cet enduit malpropre prévient le mauvais effet des coups de soleil et favorise la reprise des arbres.

Un dernier conseil, si la patience ne vous manque pas. Les distances à observer pour la plantation des arbres changent avec les terrains et la forme des arbres. Dans un bon sol, on laisse de six à dix mètres de distance entre les pêchers. Pour les pyramides, trois mètres suffisent. Dans les terrains médiocres, on ne dépasse pas deux mètres. Pour les poiriers en espalier, on réserve habituellement de quatre à six mètres, même huit, si les arbres sont sur francs.

Puisque vous savez à cette heure comment on plante les arbres, il faut que je vous apprenne les moyens de les entretenir en vigueur et bonne santé. Le premier de ces moyens, c'est la nourriture, c'est l'engrais.

Sur ce point, les jardiniers sont d'une ignorance parfaite. Quand ils ont parlé du fumier de cheval et même de la gadoue, tout est dit, il n'y a plus qu'à tirer l'échelle. Ils n'entendent rien à la question des engrais ; le meilleur pour eux est celui qui leur donne les plus gros fruits ; ils font, comme les propriétaires des grands vignobles, bon marché de la qualité.

Je vous engage, mes amis, à ne point suivre l'exemple des jardiniers. Cherchez la grosseur des fruits, soit ; mais ne la cherchez jamais aux dépens de la qualité.

Je reconnais que la taille et la greffe contribuent à la qualité, mais il faut reconnaître avec moi que les engrais y contribuent plus encore. C'est pourquoi je vous conseille de ne pas fumer à tort et à travers, sans raisonner ni réfléchir.

N'employez ni le fumier de mouton, ni le fumier de cheval, ni la poudrette, ni la colombine. N'utilisez, à la rigueur, que le fumier de vache et celui de porc, lorsqu'ils sont consommés. Et quand vous pourrez vous en dispenser, laissez-les de côté, attendu que les engrais animaux ne conviennent point aux arbres.

Leur engrais naturel, ce sont les feuilles pourries et les cendres de bois. Faites donc un mélange de ces feuilles et de ces cendres, ajoutez-y de la bonne terre, de la chaux fusée, des terres cuites, de la cendre de houille, vos eaux de savon, vos eaux de lessive, les lies de vin, dont vous ne savez que faire, les plâtras de démolition, les tuiles pourries et broyées, le marc de cidre brûlé, des terres de cave, des pommes et des poires pourries, jetez là-dessus de l'eau de fumier que vous agiterez dans un vieux baquet avec de la ferraille rouillée, et vous aurez l'engrais par excellence pour les arbres fruitiers.

Il va sans dire que vous n'êtes pas tenus de mettre ensemble tout ce que je vous indique. Vous vous contenterez de ce que vous aurez sous la main; vous vous y prendrez plusieurs mois à l'avance, et, quand viendra la seconde quinzaine d'octobre, vous mettrez le tas d'engrais sens dessus dessous, avec une bêche; vous mélangerez le mieux possible.

Si vous pouvez mettre cet engrais à couvert toute l'année sous un hangar qui laissera arriver l'air et le soleil, mettez-le à couvert; il vaudra le double et le triple. Si vous ne le pouvez pas, faites que le dessus forme le dos d'âne pour que l'eau des pluies glisse des deux côtés et ne séjourne point.

En novembre et décembre, vous mettrez deux pelletées de ce mélange au pied des gros poiriers et une seule au pied des jeunes, en ayant soin de ne pas masquer la greffe, car elle pourrait s'affranchir, c'est-à-dire donner des racines et laisser le sujet.

Dans la seconde quinzaine de janvier et en février, vous traiterez de même les pommiers, pêchers, pruniers, cerisiers, cognassiers et groseilliers. Et vous fumerez ainsi tous les ans.

Lorsque vos arbres seront fortement enracinés, au bout de deux ou trois ans de végétation, vous aurez soin en hiver, par un temps sec, clair et froid, de déchausser chaque pied à cinq ou six pouces de profondeur et de former autour une espèce d'entonnoir étroit. L'engrais ainsi écarté n'en continuera pas moins de descendre vers les racines, lorsque le temps le permettra, et vous aurez, en déchaussant, déniché les insectes qui se cachent au pied des arbres ou mis à découvert leurs œufs. Une bonne gelée survenant, la besogne vous profitera.

Après le dégel, et seulement lorsque la terre sera redevenue sèche et meuble, vous rechausserez.

Cette opération est applicable aux arbres des vergers comme aux arbres des jardins. Chaque souche doit être labourée et fumée. Il ne doit point y avoir de gazon au pied.

Un certain nombre de cultivateurs font grand cas de la suie de bois. Ils la considèrent comme un excellent engrais pour les arbres fruitiers, en même temps qu'un préservatif contre les insectes. C'est aussi mon avis. Mais prenons garde à l'huile empyreumatique qu'elle contient et qui lui donne tant d'âcreté. Les fruits, les bons surtout, sont d'une délicatesse extrême. Employez donc la suie avant l'hiver; ne vous en servez ni au printemps, ni en été, dans le but de chasser les fourmis. Si ce moyen réussit quelquefois, fort souvent aussi il ne réussit pas. Essayez plutôt de quelques poignées de cendres de bois que vous arroserez avec de l'eau de savon très-forte; renouvelez l'opération deux ou trois fois quand les fourmis sont encore dans la fourmilière. Cela vaudra mieux que d'employer la suie, et les fruits n'auront à souffrir ni des cendres ni de l'eau de savon.

Je connais des cultivateurs qui déchaussent leurs arbres à l'entrée de chaque hiver et les rechaussent au printemps avec de la terre neuve. Le procédé me paraît bon.

J'en connais aussi qui laissent perdre le laitier

des hauts fourneaux et qui feraient bien de le prendre pourri ou broyé, de le mélanger avec de la bonne terre et de le mettre au pied de leurs arbres.

J'en connais enfin qui ont dans leurs jardins des arbres languissants, à feuilles pâles et jaunissantes et qui n'auraient pas de peine à les remettre en état, s'ils voulaient enfouir au pied ou des boues provenant du lavage des minerais de fer ou de la terre arrosée avec de l'eau de rouille.

Voilà, mes amis, des engrais qui, dans la circonstance, valent mieux que tous les fumiers du monde. Avec eux, vous obtiendrez la quantité et la qualité, mais à la condition de ne les employer ni trop tôt ni trop tard. Trop tôt, ils arriveraient aux racines avant qu'elles eussent appétit; trop tard, ils arriveraient après la séve de printemps et ne profiteraient qu'à la séve d'août, ou bien, ils vous donneraient des fleurs quand les fruits seraient déjà noués. Mauvais résultat; songez-y.

— Nous y songerons, monsieur Mathieu, répondit Jean-Pierre.

IV

DE LA TAILLE DES ARBRES FRUITIERS. — POIRIERS EN PYRAMIDES.

Le dimanche suivant, nos hommes ne restèrent pas, comme d'habitude, au coin du feu. M. Mathieu avait un petit jardin, clos d'une haie d'aubépine d'un côté, et de fagots de saule de l'autre. Trois planches, qui ne se touchaient point, formaient la porte. Elle tenait par deux bouts de corde à un pieu et se fermait avec une cheville. Cela suffisait pour empêcher les poules de passer. Dans le petit jardin de M. Mathieu, il y avait une quarantaine d'arbres de toute espèce, des jeunes et des vieux, les uns en pyramides, les autres en espalier, deux ou trois en forme de vases, et trois ou quatre en plein vent.

Le moment de la taille était venu. Il était donc plus naturel et plus commode de l'enseigner sur place, la serpette à la main, que de l'enseigner ailleurs.

— Quand le moment de la pousse des feuilles approche, commença M. Mathieu, il y en a bel et bien chez nous autres qui font de la mauvaise besogne au jardin, croyant la faire bonne, et qui s'en vont d'un arbre à l'autre, taillant, coupant, rognant les grosses et les petites branches. Tout bonnement histoire d'imiter les jardiniers de profession, sans s'imaginer qu'il y a de la science là-dessous. Eh, mon Dieu! n'allons pas chercher midi à quatorze heures : moi, qui vous parle, j'en ai fait souffrir de ces pauvres arbres, mais souffrir au point qu'ils en seraient morts bien sûr, les uns et les autres, s'ils n'avaient pas eu la vie dure. Et c'est pour ne point recommencer, que je me suis mis dans la tête de suivre les leçons d'un brave homme qui racontait ce qu'il savait au premier venu, pour rien et du mieux qu'il pouvait.

Or, la science étant, à mon avis, comme les gros sous, faite pour rouler, j'entends vous rédire à ma façon ce qu'il disait à la sienne. Ce sera votre tour ensuite de la raconter en y mettant vos observations et vos mots du pays.

On ne taille pas un arbre pour se donner le plaisir de couper du bois, de le fagoter et d'essayer sa serpette. On le taille pour lui donner des formes qui fassent plaisir à l'œil, pour ôter ce qui ne sert à rien, réserver ce qui est bon, empêcher que la sève se jette trop d'un côté et pas assez de l'autre, et obtenir de beaux fruits. Aussi, pour bien tailler, il faut en savoir plus long qu'on ne le suppose.

Un jardinier qui ne saurait pas comment court la sève, comment s'exerce son action, de quelle manière les arbres sont formés, de quelle manière ils vivent, me ferait l'effet d'un individu qui voudrait faire de la chirurgie ou de la médecine, avant de connaître le dehors et le dedans de notre corps.

Je commence donc par vous apprendre que la

séve monte des racines et circule dans des veines ou vaisseaux, principalement entre le bois blanc et la seconde écorce, ou, comme disent ceux qui parlent la langue des savants, entre l'aubier et le liber. Elle va de là dans les branches, les rameaux et les feuilles où elle s'arrête un moment. Ces feuilles qui sont, comme qui dirait les poumons des végétaux, modifient la séve en question, l'épaississent un peu; après quoi elle retourne former du bois et nourrir des fruits.

Tous les moments ne sont pas également favorables pour tailler un arbre, pas plus qu'ils ne le sont pour opérer sur notre corps. C'est ce qu'il convient de savoir et de retenir.

La saison la plus convenable pour la taille est le printemps, depuis le commencement de février jusqu'à la fin de mars, avant que la séve monte. A la vérité, on peut tout de même tailler en novembre et en décembre, mais dans ce cas, il y a une précaution à prendre, c'est de laisser plus de distance entre l'œil du bois et la coupure qu'on ne le fait après la saison des grands froids. Vous comprenez tout de suite la raison de cette précaution : un froid rigoureux survenant, la plaie pourrait s'étendre de haut en bas et endommager l'œil, tandis qu'au printemps, l'accident n'est point à redouter.

Pendant les gelées, il est prudent de laisser la serpette, la petite scie et le sécateur dans un coin du tiroir, vu que le bois est sujet à éclater, à se fendre dans ces moments-là, et que les plaies faites aux arbres sont longues à se cicatriser.

Il n'est pas aisé de marquer une date fixe pour la taille des arbres. Cette date dépend du climat sous lequel on se trouve, du chaud, du froid, de la pluie, du beau temps, et de la manière dont les saisons se comportent. En un mot, c'est l'affaire du jardinier.

Pendant l'hiver de 1850 à 1851, on a pu tailler sans interruption pendant le mois de janvier ; l'hiver d'avant, la chose n'eût pas été possible.

— A présent, continua M. Mathieu, en passant la main sur les branches d'un poirier en pyramide, je vais vous parler de la *structure des arbres*, comme qui dirait de leur charpente et vous indiquer les vrais noms des différentes pièces qui entrent dedans. Je commence par les arbres en forme de pyramides, que d'aucuns appellent des *quenouilles*, malgré la différence qui existe entre elles, et d'autres des *chandelles*.

De même qu'il y a, dans un homme, les bras, les jambes, les doigts, les oreilles et le reste, de même, dans un arbre, il y a une infinité de détails qu'il est utile de connaître et d'appeler par leurs noms. Autrement, pas moyen de s'entendre.

Tenez, par exemple, voici un jeune arbre qui ne choque pas l'œil, qui est en équilibre, qui est bien proportionné, n'est-ce pas? Bon signe, mes amis ; c'est comme un individu qui n'a les membres ni trop courts, ni trop longs et qui est bien posé sur ses hanches. Ça fait plus de plaisir à regarder qu'un individu mal bâti, mal tourné, qui n'est point d'aplomb et qui penche à droite ou à gauche. Mais revenons à notre arbre en pyramide. Cette forme-là, voyez-vous, est une des meilleures que je connaisse, elle est commune et avantageuse, parce qu'elle n'occupe guère de place dans un jardin. M. Hardy ne veut pas qu'on l'appelle une *quenouille*, attendu, dit-il, qu'une quenouille est un petit arbre de trois ou quatre ans, qui sort des pépinières et qui garde une mauvaise conformation aussi longtemps que la serpette du jardinier ne lui fait point sa toilette.

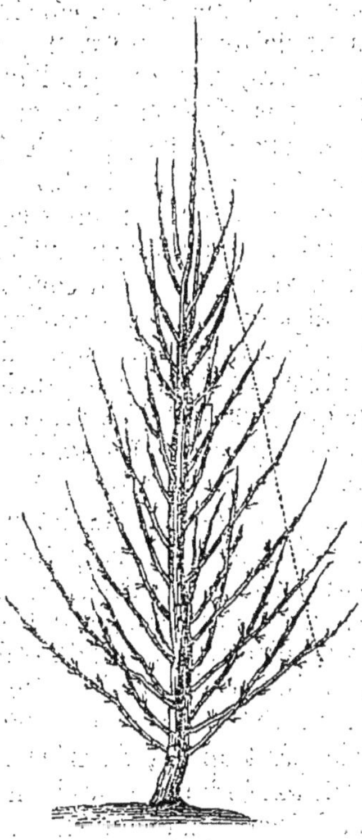

Fig. 1.

Touchons maintenant deux mots des divisions de l'arbre.

Et d'abord, voici la *tige*, comme qui dirait le corps, qui tient le milieu et monte au centre. Elle part du *collet* et s'élève tout en haut.

Qui dit *collet*, dit une espèce de renflement qui sépare la racine de la tige. Voici maintenant les *branches* qui partent de la tige, comme qui dirait les gros membres, et que l'on appelle *branches latérales*. Elles ne doivent pas être trop rapprochées les unes des autres, attendu que l'air et le soleil ne pourraient pas circuler entre elles comme il faut. Or, sans air ni soleil, pas de qualité. Les branches latérales ne sont pas toutes conformées de la même manière. D'aucunes ont une tendance à former la fourche. Autant que possible, ne souffrez point cela. Dans les arbres bien conduits, bien dirigés, il ne doit pas y avoir de branches bifurquées.

Nous venons de voir qu'il pousse des branches autour de la tige ; sans être trop curieux, voyons à présent ce qui pousse sur les branches.

Ce sont, en premier lieu, les *rameaux*. Ils terminent les branches latérales et proviennent des bourgeons de l'année précédente. Aussitôt que le rameau est taillé, il perd son nom, la serpette le débaptise ; ce n'est plus un rameau ; il fait partie de la branche.

Les rameaux ne sont pas tous de la même sorte ; il y en a d'uns et d'autres, de parfaits et d'imparfaits. Quand ils sont imparfaits, on les nomme *faux rameaux*. Ce sont tout bonnement des bourgeons, qui se sont développés trop tôt, l'année même de leur formation, une année plus tôt qu'ils n'auraient dû le faire. Histoire des enfants qui viennent au monde avant terme. Aussi, reconnaît-on facilement ces faux rameaux. Leurs yeux sont très-plats, très-peu apparents, tandis que ceux des vrais rameaux ont de la rondeur et de l'apparence.

Ne taillez point sur les faux rameaux, car vous obtiendriez des bourgeons très-faibles. Supprimez-les, au contraire, au moment de la taille. Cependant, il y a des cas où, pour rétablir l'équilibre dans un arbre, l'on se voit obligé d'asseoir la taille sur les faux rameaux, mais, dans ces cas exceptionnels, il faut laisser un peu d'empâtement.

Au tour maintenant des *rameaux adventifs*. Ce sont ceux qui poussent près des nœuds, des coudes, des empâtements, dans les endroits où la séve a de la peine à circuler. Pour se défaire de ces rameaux-là, il faut les prendre par la famine, c'est-à-dire favoriser le mouvement de la séve par des incisions verticales.

Si nous avons eu du mauvais, voici du bon à présent. Je vais vous dire deux mots des *dards*. On appelle ainsi des petits rameaux de rien, de six ou sept centimètres de haut, tout au plus. Tous tant que vous êtes, vous les connaissez déjà, je le parierais. Ils viennent sur les branches latérales et poussent à angle droit. Ils sont toujours terminés par un œil à bois. Au moment de la taille, gardez-vous bien de toucher aux dards ; assurément, vous auriez tort, car ils sont la source des fruits. Très-souvent, l'œil à bois qui les termine se transforme, se métamorphose, se change en bouton à fruit. Et alors le dard change de nom aussi ; il s'appelle une *lambourde*. Si vous me demandiez pourquoi, je répondrais que je n'en sais rien.

Les *lambourdes* mettent quelquefois deux ans, trois ans, quatre ans à se former. Leur âge est facile à reconnaître, rien qu'aux rides de leur écorce qui, d'année en année, varie d'aspect. Voici comment elles se forment :

Le bourgeon commence à se développer d'un centimètre à peu près, avec trois feuilles, la première année. La seconde, il se développe d'un ou deux centimètres avec cinq feuilles ; la troisième année, le bouton à bois se transforme en bouton à fruit avec un nombre indéterminé de feuilles à

Fig. 2

l'extrémité du petit rameau. Il se forme aussi des *bourses*, c'est-à-dire des points d'attache pour les queues des fruits à venir. Or, ne détachez de l'arbre ni lambourdes, ni bourses, même après la cueillette des fruits. Ce sont des organes essentiellement fertiles.

Un mot maintenant sur des rameaux d'une autre espèce, qui font reconnaître tout de suite les arbres d'un bon rapport. Ces rameaux, qui n'ont pas de nom particulier, sont toujours terminés par des boutons à fruit. Encore une fois, c'est un signe de fertilité pour les arbres qui les portent. Ils sont toujours placés à l'extrémité des branches latérales, et à cause même de leur position, on se trouve souvent obligé de les couper lors de la taille. Cela n'y fait rien ; ne reculez pas devant ce sacrifice, car l'arbre qui a de tels rameaux, vous donnera toujours assez de fruits.

Enfin, voici de petits rameaux de 10 à 15 centimètres de longueur, qui sont très-communs sur les arbres qui se mettent difficilement à fruit. Ces rameaux d'une nouvelle sorte se nomment des *brindilles*. N'y touchez pas non plus, car je vous indiquerai bientôt la manière de les tailler pour leur faire produire des boutons à fruits.

Des rameaux, passons aux *yeux* ou bourgeons, qui sont les organes les plus essentiels à la vie des arbres. Les yeux ordinaires se trouvent sur les rameaux, dans toute leur longueur. Ils sont plus ou moins aplatis, plus ou moins visibles, plus ou moins rapprochés. L'œil qui est au bout des rameaux se nomme *œil terminal*, c'est-à-dire œil qui termine le rameau. La séve agit plus vigoureusement sur les yeux terminaux que sur les yeux latéraux, c'est-à-dire sur ceux qui sont sur le côté des rameaux.

On appelle *sous-yeux* ceux qui sont placés sous l'œil principal. Ils sont là pour servir de remplaçants à l'occasion, car le bon Dieu a tout prévu. Une supposition, par exemple ; que l'œil principal vienne à être éborgné, blessé, déchiré par un accident quelconque, tout de suite les sous-yeux se développent. Mais tant que l'œil principal n'est pas malade, ils ne bougent point, ils ne font pas signe de vie. Quand les sous-yeux se développent à la suite d'un accident, les rameaux, qu'ils produisent, n'ont ni la force, ni la conformation avantageuse des bourgeons qui viennent des yeux principaux.

J'ai encore à vous parler d'une autre espèce de bourgeons, que l'on appelle *yeux latents*. Ils se trouvent sur le vieux bois, sur le bois de l'année précédente. Ils sont très-plats, très-peu apparents, et c'est à y regarder de près pour les voir. Ils sont quelquefois deux, trois, quatre ans et plus sans bouger. Ils ne se développent que lorsqu'il y a coupure ou étranglement dans leur voisinage. Vous voyez que c'est une réserve toute prête, en cas de malheur.

N'allez pas, comme d'aucuns, confondre les yeux à fruits avec les yeux à bois. Dès le mois d'août, les boutons à fruits sont apparents sur les arbres. Ils sont toujours accompagnés d'une rosette de feuilles et se développent toujours avant les boutons à bois.

Un arbre est quelquefois long à se mettre à fruit, mais une fois que cela commence, il y en a pour tout le temps de la durée de l'arbre.

— Avez-vous compris? demanda M. Mathieu.

— Si nous avons compris! répondit Jean-Pierre d'un air étonné, oh! que oui, monsieur Mathieu, nous avons compris. C'est si clair qu'à moins d'avoir le cerveau dérangé, on doit saisir la chose du premier coup. On vous entend, on regarde, on touche, et, après cela, il n'est plus permis de se méprendre.

— Tant mieux, mes amis, tant mieux, répliqua M. Mathieu. Et puisqu'à cette heure, vous savez à quoi vous en tenir sur les détails de la charpente d'un arbre, je tire de ma poche ma serpette, ma petite scie et mon sécateur, les trois instruments

Fig. 5.

qui servent à la taille. Ils ont du mérite tous les trois, quand ils sont bons; malheureusement, la

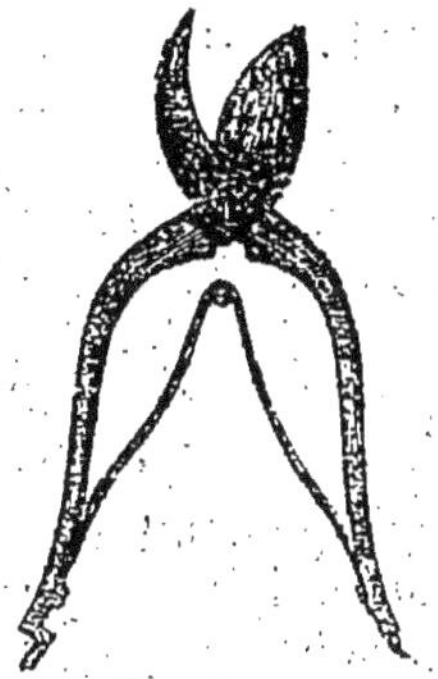

Fig. 4.

plupart sont de pacotille, comme les couteaux de la foire. Une bonne serpette et un bon sécateur valent leur pesant d'or; et en voici, que je ne prêterais pas à mon meilleur ami.

— La serpette vaut mieux que le sécateur pour la taille des arbres, n'est-ce pas, monsieur Mathieu?

— On assure que oui. Avec la serpette, la coupe est franche et nette; avec le sécateur, on foule quelquefois le bois, on l'éraille et il s'ensuit des maladies. On recommande de ne se servir du sécateur que pour tailler loin de l'œil, comme sur les rosiers, la vigne, les groseilliers et pour débarrasser les arbres de leur bois mort. M. Lepère, l'habile et obligeant cultivateur de Montreuil, est moins exclusif. Il ne taille ses pêchers qu'avec le sécateur; la besogne va plus vite, et il s'en trouve bien sous tous les rapports. Quand l'instrument est bon, la taille est bonne.

Voici la manière de se servir de la serpette,

Vous saisissez le rameau de l'arbre de la main gauche et placez le pouce au-dessous de l'œil, afin d'avoir un point d'appui. Ensuite, de la main droite, vous appliquez le taillant de la serpette de l'autre côté du rameau et au niveau de l'œil qui se trouve au-dessus de votre pouce, et vous coupez un peu en remontant, de façon que la coupe soit en biseau. Il ne faut pas cependant que le biseau soit trop allongé. L'extrémité supérieure ne doit pas s'élever à plus de 2 ou 3 millimètres au-dessus de l'œil sur lequel on taille. Avec une coupe plus rapprochée, l'œil pourrait se trouver compromis et le bourgeon qui en sortirait serait faible. Quand on n'a pas besoin d'un fort bourgeon, c'est une autre affaire; quand il s'agit tout bonnement de rétablir l'équilibre dans un arbre, on peut *éventer* l'œil, c'est-à-dire pratiquer une taille qui en soit plus rapprochée. Autre observation : avec les bois durs, taillez près de l'œil; avec les bois tendres, loin de l'œil.

Il est important que vous vous exerciez à devenir maître du coup de serpette; autrement, en coupant une branche, vous vous exposeriez à en blesser d'autres.

Faisons de la pratique, maintenant, continua M. Mathieu. Voici un petit arbre d'un an, que j'ai mis en place à l'automne. C'est une véritable baguette, toute d'un jet; vous n'y voyez pas un rameau; on dirait presque une tige d'osier. C'est ce que les jardiniers appellent un *scion*, dans la langue du métier. Je veux, je suppose, faire de ce scion une pyramide pour plus tard. Ce n'est pas la mer à boire; il n'y manque que des branches et il s'agit tout bonnement d'en faire pousser.

Je toise ma baguette, du pied à la tête, pour

voir si les yeux sont bien marqués sur toute sa longueur, et s'ils sont bien marqués, je taille le petit arbre à 40 centimètres à peu près de hauteur; s'ils sont très-peu marqués du côté de la greffe, je taille moins haut. En même temps, je retranche le *chicot*, autrement dit l'*onglet* de bois mort qui se trouve au point de la greffe.

— Voici mon petit arbre d'un an taillé, n'est-ce pas Jean-Pierre?

— Oui, monsieur Mathieu.

— Eh bien, la séve qui n'aura plus à nourrir le morceau de scion que je viens de couper, va se porter sur les yeux et développer des rameaux. Il faut qu'elle travaille d'un côté ou de l'autre. L'œil terminal ne la pompant plus, elle sera pompée par les yeux latéraux. Quand un chirurgien coupe le bras ou la jambe d'un individu, il se passe à peu près la même chose. Le sang n'ayant plus à nourrir les membres manquants, se porte ailleurs. Les parties voisines prennent de la force, du développement et le sang court quelquefois si vivement qu'il en résulte des attaques d'apoplexie, à ce qu'on dit. Or, la séve est pour ainsi dire le sang des végétaux; seulement, la couleur n'est pas la même. N'ayant plus d'œil terminal où se porter, elle court vers les yeux de côté, les nourrit fins gras et en fait des rameaux, qui deviendront des branches.

Dans le cas où les yeux du bas seraient très-effacés et ne se soucieraient point de partir, comme les plus gros, il y a encore un moyen d'en avoir raison, et ce moyen consiste à couper l'écorce jusqu'au bois, au-dessus et de chaque côté des yeux qui n'ont pas l'air de vouloir pousser. Vous prendrez votre serpette comme je fais, et vous couperez seulement l'écorce en forme de chevron. N'attaquez pas le bois. La séve montera droit devant elle. Arrivée à la coupure qui a été faite en travers, elle ne saurait passer ; elle s'arrêtera au niveau de l'œil chevronné qui l'attirera, s'en nourrira, et ne tardera pas à se développer. On peut ainsi, en coupant les veines de la séve à deux ou trois millimètres au-dessus de chaque œil du scion, déterminer la pousse de tous les rameaux.

Au printemps, quand mes pousses seront parties, je les surveillerai de près, afin d'empêcher les unes de gourmander les autres. La séve se porte toujours en abondance vers le sommet de l'arbre et les bourgeons du haut reçoivent par conséquent une meilleure ration que ceux du bas, et mangeant plus, ils engraissent naturellement davantage. C'est à quoi il faut prendre garde. Ne souffrez pas que les uns profitent trop, quand les autres auront l'air de jeûner et d'avoir faim. Pincez les mieux nourris avec les ongles, lorsqu'ils seront encore en herbe, tourmentez-les, faites retourner la séve vers ceux qui en auront besoin. Si vous négligiez ces détails, en apparence insignifiants, la végétation ne tarderait pas à se moquer de vous et vous ne pourriez bientôt plus vous en rendre maître et la discipliner. Qui commence mal a de la peine à finir bien.

L'année prochaine, au lieu d'un *scion*, d'une baguette de rien, j'aurai une belle tige droite et de jeunes rameaux bien proportionnés sur toute l'étendue de cette tige. Je taillerai ceux du bas un peu longs, ceux du milieu un peu moins longs, ceux du dessus plus courts encore et l'œil en dessous pour tous, jamais en dessus. Je ferai sur la flèche une coupe opposée à la coupe de cette année, afin de la maintenir toujours verticale, et ma pyramide sera formée. Je n'aurai plus qu'à surveiller les nouvelles pousses, arrêter celles qui seront trop pressées, pousser en avant les retardataires, pincer ici, inciser là, et tout ira pour le mieux.

Ceci est fort bien pour un amateur, pour un cultivateur qui plante son jardin et a le bon esprit de ne le commencer qu'avec des arbres d'un an. Mais si vous ne plantez pas vous-même, si vous héritez d'un jardin tout planté; si, ne sachant pas ce que vous savez maintenant, vous avez acheté des sujets de deux, trois ou quatre ans dans les pépinières; si, enfin, vous êtes appelé par votre profession ou pour rendre service, à tailler de jeunes arbres en mauvais état, la besogne se complique, le travail devient moins facile. Il peut se faire aussi qu'un arbre d'un an seulement soit autre chose qu'une simple baguette, qu'il ait eu une végétation hâtive, qu'il ait poussé très-vite, qu'il ait déjà des rameaux. Il est évident que vous n'en serez pas quitte avec celui-ci comme avec le premier.

Vous disposerez les branches de façon que les plus basses soient éloignées du sol de 25 à 30 centimètres, qu'elles ne soient pas trop rapprochées les unes des autres, ni trop écartées. Vous rétablirez l'équilibre, s'il est rompu, en pinçant les pousses vigoureuses, en arrêtant la sève de celles qui jeûnent; enfin, pour donner aux rameaux droits une direction un peu horizontale, vous les tiendrez écartés de la tige avec des petits arcs-boutants en bois ou avec des ficelles et des liens d'osier.

— Comment se fait-il, monsieur Mathieu, que la végétation se soit développée plus vite dans l'un des petits arbres que dans l'autre? demanda Jean-Pierre.

— Tu es trop curieux, mon garçon, je n'en sais

rien. Quelquefois, un accident peut amener ce résultat. Si, par exemple, l'œil terminal de la flèche est éborgné vers la fin de mai, la séve reflue, recule et il pousse des rameaux.

Passons maintenant, continua M. Mathieu, à un arbre de deux ans. Lorsqu'il ne porte à son sommet que des rameaux mal conformés, mal dirigés, il faut les enlever, mais en conservant avec soin les deux yeux qui se trouvent sur les empatements ou couronnes. Pour développer les pousses de ces yeux, on peut avoir recours à des entailles qui sont plus efficaces que les incisions. Elles n'attaquent pas seulement l'écorce, elles attaquent encore l'aubier et le bois à 7 ou 8 millimètres de l'œil. Au moyen d'une entaille, on détermine le développement d'un bourgeon. Veut-on que l'opération soit plus efficace encore? on prolonge l'entaille à droite et à gauche de l'œil.

Règle générale, quand vous avez affaire à un arbre de deux ans comme à un arbre d'un an, laissez toujours plus d'yeux dans les organes inférieurs que dans les organes supérieurs, c'est-à-dire taillez plus long en bas qu'en haut. Autrement, la tête emporterait les pieds, et vous ne pourriez pas conserver l'équilibre dans la pyramide.

Tout à l'heure, je vous parlais des entailles. Elles sont utiles souvent, mais, croyez-moi, n'en abusez pas; ne martyrisez les arbres que lorsque vous ne pourrez pas faire autrement. Au lieu d'entailler la tige nue d'un arbre qui a tous les rameaux en tête, enlevez ces rameaux avec une partie de la tige et les pousses se développeront sans entailles.

Si vous aviez à tailler des pyramides mal conduites, où il y aurait des vides et des rameaux faibles, ne supprimez pas les rameaux, laissez-les prendre de la force, et quant aux vides, vous tâcherez de les garnir en faisant faire la fourche aux branches voisines. C'est un mauvais expédient, mais que voulez-vous, puisque nécessité fait loi. Seulement, ayez soin de ne point faire partir le rameau de bifurcation du dessus ou du dessous d'une branche; prenez-le sur les côtés, de manière que la fourche soit pour ainsi dire posée à plat.

Quand les pyramides sont très-jeunes, on ne doit pas leur laisser de brindilles. On fait cette réserve plus tard, lorsqu'on tient à mettre à fruit des arbres vigoureux. C'est alors seulement que l'on peut s'occuper à changer les brindilles en dards, puis les dards en lambourdes. Rien de plus facile. Vous éborgnez l'œil terminal des brindilles, ou bien encore vous les tordez, pour contrarier la circulation de la séve. Quand vous avez plusieurs de ces brindilles sur le même point, vous en retranchez la plus grande partie. Si vous en avez deux sur une branche, une dessus, une dessous, vous ôtez celle de dessus, attendu qu'elle se mettrait à fruit plus difficilement que l'autre. Ne touchez pas plus aux brindilles de côté qu'aux brindilles de dessous.

Je vous ai dit comment, par le moyen des entailles, on pouvait amener la séve dans des branches faibles et affamées; je dois vous dire maintenant que par le moyen de ces mêmes entailles, on peut aussi empêcher la séve d'arriver aux fortes branches qui vivent trop aux dépens de leurs voisines. Dans ce cas, au lieu d'entailler en dessus, on entaille en dessous, à l'aisselle des branches, sur l'empatement. On peut, au besoin, enlever le quart ou les trois quarts de cet empatement. Souvent, l'on est obligé d'avoir recours à cette opération pour maintenir ou rétablir l'équilibre dans une pyramide. Des branches sont trop fortes d'un côté, trop fai-

Fig. 5.

bles de l'autre, on met les premières au régime, on les force à jeûner un peu, on leur enlève la séve ascendante pour un moment, afin de la faire manger à son retour aux branches maigres qui prendront du corps et s'engraisseront. Le jardinier dit en quelque sorte au côté fort de l'arbre : —Tu as trop d'appétit, toi, tu dévores trop de séve, j'entends donc que tu restes sur ta faim, et pour cela, je vais te couper les vivres, soit en te faisant une entaille au gosier, soit en te laissant porter une surcharge de fruits qui t'épuiseront de leur mieux. Il dit ensuite au côté faible :—Toi, mon pauvre martyr, nourris-toi de la séve que j'enlève au voisin pour l'amener dans tes branches. Quant à tes boutons, je les supprime ; tu ne porteras pas de fruits, je leur défends de venir au monde. Je fais comme l'Anglais Malthus, qui ne voulait pas que les malheureux eussent des enfants. Pauvres branches ainsi que pauvres gens ne doivent point trop multiplier.

Supposons maintenant que nous ayons affaire à un arbre, non plus moitié faible et moitié fort, mais faible dans toutes ses parties; nous le taillons court, au-dessus du deuxième ou du troisième œil, alors même que l'arbre serait bien équilibré, car plus il y a d'yeux, plus il y a de bouches, et plus il y a de bouches, plus il faut de vivres. En taillant court, la tige profite. En taillant long, ce sont les branches qui profitent aux dépens de la tige, ce qui est bel et bon, mais seulement quand la tige est vigoureuse. Dans ce cas, on peut tailler sur le quatrième ou le cinquième œil pour les branches basses.

Quand on plante un arbre fruitier, ce n'est pas pour ses feuilles ni son bois, c'est pour ses fruits. Cependant, si vous voulez qu'il dure, ne lui faites point porter de fruits de trop bonne heure. Lourde portée de fruits et lourde portée de petits fatiguent les arbres et les animaux jeunes. Sur un arbre de cinq ou six ans, ne laissez qu'une douzaine de poires, mais lorsqu'il atteint sept ans, huit ans, neuf ans, il y a moins de ménagements à garder; il ne faut plus qu'il donne seulement du bois, il faut encore qu'il donne des fruits le plus possible, et de bons.

En fait d'arbres, c'est toujours comme en fait d'animaux; il y en a d'uns et d'autres. Ceux-ci produisent facilement, ceux-là difficilement. Pour les premiers, comme la chose va toute seule, laissez faire le bon Dieu; pour les seconds, essayez de les forcer.

Vous remarquerez d'abord, les trois quarts du temps, que les arbres qui ne donnent pas de fruits sont précisément ceux qui se portent trop bien, qui ont trop de santé, trop d'embonpoint. C'est aussi comme cela chez les bêtes et les gens, à ce qu'on dit, et je crois me rappeler que pour faciliter la procréation chez les vaches trop bien portantes, par exemple, on recommande de les mettre au régime et de les tenir au repos quelques jours avant la monte, ce qui revient à dire qu'on diminue leur ration et qu'on les retire un moment du pâturage pour les ramener à l'étable. En un mot, on contrarie leur appétit, leur besoin d'activité et on cherche à les affaiblir. Eh bien, en s'y prenant de la sorte avec les arbres, en contrariant leur appétit, leur activité et en les affaiblissant, on réussit presque toujours à les mettre à fruit.

Ainsi, vous avez un arbre qui jette beaucoup de bois, beaucoup trop, taillez-le long de cinq à six yeux pour fatiguer le pied, et laissez lui le plus possible de brindilles. Supposons que ce moyen ne réussisse pas, ayez recours alors à l'arqûre, à la courbure de quelques rameaux, choisis sur les branches latérales les plus vigoureuses. Vous prenez ces rameaux les uns après les autres, vous les courbez en forme d'arc ou d'anse de panier, si vous aimez mieux, et pour qu'ils gardent cette

Fig. 6.

forme, qu'ils la conservent, qu'ils prennent le pli en un mot, vous les attachez par le bout et au moyen d'un peu de glui ou d'une petite pousse d'osier, soit à la branche même sur laquelle est le rameau que vous courbez, soit à une branche voisine. Ce travail achevé, vous pouvez ou faire un cran avec votre serpette sur le dos des rameaux courbés, ou pratiquer des incisions circulaires sur l'écorce de ces rameaux, c'est-à-dire des incisions autour, en forme de bagues. Et il y a gros à parier que, l'année suivante, vos rameaux, ainsi arqués, se couvriront de boutons à fruits, car ils n'auront pas vécu à leur aise, car la séve n'aura pas circulé librement. Et lorsque votre arbre aura été mis à fruit, vous pourrez, si bon vous semble, couper et jeter les arqûres.

Il y a des cultivateurs qui, au lieu d'amputer et d'occasionner par suite des chancres, courbent les rameaux qui terminent les branches, comme dans la pyramide fanon et les éventails d'espalier. Les arbres, ainsi contrariés, se mettent rapidement à fruit, toujours par suite de la gêne qu'éprouve la séve; elle aime à monter droit, et vous l'obligez à tourner et à descendre. Mais par ce procédé, on gâte la forme des pyramides, on leur donne une tournure de saules pleureurs. En Belgique, on procède souvent ainsi et peut-être avec raison.

Les courbes sont tellement favorables à la fructification, qu'on s'en aperçoit rien qu'en jetant un coup d'œil sur nos arbres à plein vent. Les branches les plus chargées de fruits sont toujours celles qui descendent en parasol vers la terre; les branches les moins chargées sont toujours celles qui montent verticalement vers le ciel.

Il arrive quelquefois que l'œil terminal de la

branche arquée, dont on a enlevé l'extrémité, se développe en rameau. Alors, il faut pincer.

On peut arquer aussi quelques rameaux pendant la végétation, lorsqu'ils ont de 40 à 45 centimètres, et l'on obtient très-souvent du fruit l'année d'ensuite. Cette opération, qui se pratique en juin et juillet, exige beaucoup de soins. Le bois est fragile, cassant et rompt pour un rien.

Il y a des jardiniers qui, pour mettre à fruit un arbre trop vigoureux, le déchaussent et lui coupent des racines. C'est une opération de charlatan qui estropie l'arbre pour le reste de ses jours.

Les arbres greffés sur franc se mettent moins facilement à fruit que les arbres greffés sur cognassier; mais, en revanche, une fois la fructification obtenue, elle dure plus longtemps.

Quand un arbre est en plein rapport, on doit tailler court les rameaux terminaux, afin de refouler la séve dans l'intérêt des fruits.

Il y a encore un autre moyen de favoriser la fructification, c'est de faire des entailles avec la serpette, sur les branches latérales, au-dessus des brindilles et des yeux que l'on veut convertir en lambourdes. Ces yeux, au lieu de donner du bois, donneront du fruit.

V

TAILLE EN PYRAMIDE DES POIRIERS, MALADES D'ÉPUISEMENT.

— Je vous ai dit l'autre jour, reprit M. Mathieu, que les grosses portées de fruits fatiguaient les jeunes arbres. Ne l'oubliez point. Quand vous aurez des poiriers de deux, ou trois, ou quatre ans, qui seront chargés de fleurs, ne les montrez pas aux premiers venus comme des phénomènes, n'en soyez point fiers, car il n'y a pas de quoi. Vos poiriers ne seront que des souffre-douleurs.

Toute récolte trop abondante et trop précoce se produit aux dépens du bois, dans les terrains de mauvaise qualité surtout. Des arbres trop fertiles ne donnent que des fruits petits, peu savoureux, mûrissant mal et tombant faute de nourriture. Histoire des jeunes bêtes qui ont une portée trop forte pour leur âge et qui nous donnent des petits, gros comme le poing, qui ne tiennent pas de race et épuisent leurs mères. Que faire donc? je vais vous l'apprendre.

Quand une chèvre vous donne trois petits; que dites-vous? Vous-dites : — C'est trop pour ce qu'elle peut fournir de lait; ne lui en laissons que deux, et élevons le troisième avec du lait de vache ou du lait d'une autre chèvre. Eh bien! quand un tout petit arbre vous donne des boutons à fruits en abondance, dites aussi : c'est trop pour la séve qu'il peut fournir; ne lui en laissons guère, retranchons-les presque tous. Dans ce cas-ci, il n'y a pas moyen de nourrir à la main, avec de la séve, ceux qui sont de trop, à moins pourtant qu'on n'enlève ces boutons à fruit, quand ils sont à peine formés, au mois de septembre, par exemple, et qu'on ne les greffe sur un arbre qui n'en a pas ou qui en a peu. C'est une manière comme une autre de mettre les boutons d'un arbre en nourrice chez le voisin. Mais revenons à notre sujet : je vous disais qu'il fallait dégarnir le jeune arbre. Je dégarnis donc les branches, j'ôte les boutons à fruits. Près de ces boutons, il y a toujours des yeux à bois; la séve se porte dessus et des rameaux partent. Fruit perdu, bois gagné; c'est tout profit, sans que ça paraisse.

Pour faire cette opération, il vaut mieux s'y prendre tard que tôt. Il vaut mieux aussi couper les fleurs par la queue, lorsqu'elles sont ouvertes, que d'opérer sur le bouton fermé. La chose est plus simple, plus facile; on sait au moins ce que l'on fait.

Sur un arbre de cinq ou six ans, qui annonce de la vigueur dans la tige, laissez de sept à douze poires seulement, et sur les branches les plus fortes. Les années d'après, vous augmenterez le nombre progressivement, à mesure que le bois prendra de la force.

Si votre petit arbre présente quelques rameaux vigoureux, taillez-les court; vous pouvez même pratiquer des entailles, afin de favoriser le développement des bourgeons.

Maintenant que je vous ai entretenus des pyramides épuisées par la fructification, parlons d'un autre épuisement. Vous n'êtes pas sans avoir remarqué, dans de pauvres terrains, des arbres qui mouraient par la tête, par la flèche, par le dessus; appelez la chose comme vous voudrez. Eh bien! on dit que ces arbres sont *couronnés*. Mauvaise affaire; il n'est pas aisé de les sauver, ceux-là. Dès qu'on s'aperçoit de la maladie, on doit tailler le plus long possible le rameau terminal, pour que la séve s'y jette en abondance. En la taillant court, vous feriez rebrousser chemin à la séve vers le centre et la base de la pyramide, et la mort du rameau terminal n'en serait que plus prompte. Parler d'arbres couronnés à un vrai cultivateur, c'est parler de poitrinaires à un vrai médecin. Il n'en réchappe guère. Mais ce n'est point une raison pour les abandonner à la grâce de Dieu. Soignez-les, lorsque le mal n'est pas trop invétéré, retranchez la partie morte, dégagez le centre et la base de l'arbre des branches qui mangent trop de séve, taillez-les et laissez rapporter le plus de fruits qu'ils pourront. Ce sera toujours autant de gagné. Quant à vouloir rétablir la flèche, on doit, la plupart du temps, en désespérer. Les arbres couronnés annoncent d'ordinaire ou un mauvais terrain, ou un terrain qui manque de fond.

Voici encore une maladie qui provient de l'épuisement. Il arrive souvent que des pyramides d'un certain âge ont leurs branches latérales fatiguées à outrance. Le corps est encore bon, mais les membres ne profitent plus; le sang n'y circule pas; la séve n'y court pas. Si les tiges de ces pyramides ont un air de santé, si leur écorce est lisse, si elles ont en un mot le teint clair, il faut *rapprocher* l'arbre, ce qui signifie tailler les branches sur le vieux bois des années antérieures, et autant que possible sur un œil latent qui se développera par suite de l'amputation. Souvent, en pareil cas, l'on est obligé de rabattre le sommet de la pyramide. Pour cela, on doit choisir un œil bien formé.

De temps en temps aussi, il arrive que les branches des pyramides sont tout à fait épuisées et que les yeux adventifs se développent et donnent des pousses près de l'empatement de ces branches sur la tige. La séve ne pouvant plus circuler dans les vieux chemins, s'en fraye de nouveaux. Dans cette circonstance, on doit enlever entièrement les branches épuisées et développer les nouveaux bourgeons. Cette opération s'appelle *ravalement* ou *recepage*. On ne ravale ou on ne recèpe un arbre qu'autant que l'écorce de la tige est lisse. Si cette écorce était chancreuse, endurcie, déchirée, ne faites pas le ravalement; arrachez l'arbre et jetez-le au feu.

Le ravalement met un arbre dans l'état primitif de manche à balai; mais pendant la végétation, il se développe des rameaux sur les empatements. Tantôt, ces rameaux sont au nombre de deux, tantôt au nombre de trois. Vous n'en conserverez qu'un sur chaque empatement, et le plus vigoureux bien entendu.

Les arbres ne sont pas seulement sujets à des maladies d'épuisement; ils ont à souffrir d'autres maladies encore, mais ici, la serpette et la taille n'y peuvent rien. Je vous en parlerai plus tard.

— Comme nous ne nous sommes entretenus jusqu'ici que du poirier en pyramide, continua

M. Mathieu, il est bon de vous dire, avant d'aller plus loin, que vous pouvez traiter le pommier de la même manière. Qui dit poirier dit pommier. Seulement, notez la petite observation que voici : dans le poirier, qui a des racines pivotantes, la séve prend la direction verticale, de préférence à toute autre; dans le pommier, qui a des racines traçantes, horizontales, la séve court volontiers de côté. C'est pourquoi, vous voyez presque toujours sur les pleins-vent, les branches des poiriers prendre la ligne verticale, tandis que celles des pommiers se couchent et prennent la ligne horizontale. C'est pourquoi aussi les basses branches des pommiers que vous élevez en pyramides, grossissent outre mesure, si l'on n'y prend garde. Il faut donc les mettre au régime, comme les gens qui prennent trop de ventre, c'est-à-dire tailler long, quand les tiges sont vigoureuses, et entailler les branches en dessous, sur l'empatement.

Les arbres à pepins ne sont pas les seuls qui s'accommodent de la forme pyramidale; les arbres à fruits et à noyaux s'en accommodent aussi plus ou moins. Ainsi, les cerisiers, à l'exception pourtant des guigniers et des bigarreautiers, peuvent être soumis à cette forme. Mais comme le cerisier, dans sa jeunesse, a un développement fougueux, vous le taillerez au-dessus du 5e, 6e, 7e et 8e œil. Plus il y a de convives autour d'un plat, moins les portions sont fortes et moins par conséquent la nourriture profite. Plus il y a de bourgeons pour manger la séve, plus aussi les rations sont minces et moins les rameaux grossissent.

Vous remarquerez que dans le cerisier et les autres arbres à noyaux, les fruits sont presque toujours en dessus des branches. Pour amener la fructification, vous pincerez sévèrement les rameaux qui se trouvent près des extrémités des branches latérales. Vous ferez de même pour le prunier.

A propos du prunier, j'ajouterai que certaines variétés se prêtent à la forme pyramidale, mais il y a bien des soins à prendre pour réussir, car la tige tend à s'écarter de la ligne verticale, et il est nécessaire de l'y ramener à l'aide de tuteurs. Et puis, c'est un arbre plus délicat que le cerisier et sujet à la gomme. Quand cette gomme paraît dans une pyramide, il faut l'enlever à mesure; autrement, elle occasionnerait des vides désagréables à l'œil.

Les arbres à fruits et à noyaux, dirigés en pyramide, produisent moins que ceux abandonnés à eux-mêmes, mais les produits sont plus beaux. Ces arbres se mettent très-facilement à fruit, au bout d'un an, de deux ans, pas davantage. En ceci, ils diffèrent essentiellement des arbres à pepins.

VI

TAILLE DES ARBRES EN PALMETTE, EN ÉVENTAIL ET EN VASE.

— Dieu merci ! s'écria M. Mathieu, voilà assez longtemps que nous causons de la pyramide ; causons donc maintenant d'une autre forme, de la *palmette*.

Il y en a de deux sortes : la palmette simple et la palmette double ou à deux tiges, ce qui revient au même. Cette forme est très-bonne pour espalier, meilleure peut-être que la forme en éventail. Elle garnit parfaitement les murs. L'éventail convient mieux pour les contre-espaliers, qui exigent moins de développement. L'aspect de la palmette, surtout de celle à deux tiges, est très-agréable à l'œil et donne des produits très-avantageux. Imaginez une tige droite comme un *i*, et, de chaque côté, à 18 ou 20 centimètres l'une de l'autre, des branches qui s'en écartent à droite et à gauche, un peu en remontant, et vous aurez une palmette simple. Imaginez, d'autre part, deux tiges, au lieu d'une seule, deux tiges parallèles, à deux pouces l'une de l'autre et formant l'*u*, des branches à droite, des branches à gauche et rien au milieu, et vous aurez la palmette double.

Palmette simple. — Pour élever une palmette simple, on procède de la manière suivante : — Vous prenez en pépinière une quenouille de deux ans, pas davantage, attendu que plus les arbres sont vieux en pépinière, plus ils ont de défauts. Vous enlevez les rameaux du côté de la muraille, ainsi que ceux du devant jusque sur l'empatement. Vous taillez court d'abord ; les années d'ensuite, vous taillez long du double, si l'arbre est vigoureux ; puis, une fois que les fruits se présentent, vous revenez à la taille courte au-dessus du deuxième ou du troisième œil, afin de concentrer la séve sur ces fruits. Les branches latérales, qui se développent de chaque côté de la tige, doivent être espacées de 18 à 20 centimètres. C'est la distance la plus convenable.

Sur un arbre jeune et vigoureux, on peut établir deux branches de chaque côté par année. Pendant le cours de la végétation, on a soin de pincer sévèrement les jeunes rameaux à la partie supérieure de la tige, attendu qu'ils sont inutiles et mangeraient la séve si utile aux branches. Si l'on ne pinçait pas, les parties horizontales, manquant de séve, seraient faibles. Pincez même le terminal, quand il sera long de 40 à 45 centimètres et qu'il annoncera un trop fort développement.

Vous ne ferez partir les premières branches qu'à une distance de 25 à 30 centimètres du sol. Pendant le cours de la végétation, vous aurez soin de pincer les rameaux qui paraîtront sur le devant de l'arbre et de les supprimer entièrement du côté du mur. Vous n'avez rien à attendre de ceux-ci, tandis que les premiers peuvent se convertir en productions fruitières. Voilà pour la palmette simple.

Palmette double. — Je passe à présent à la palmette double ou à deux tiges. Elle est également très-facile à diriger. Vous prenez tout bonnement une quenouille de deux ans ou un arbre nain, disposé naturellement à former l'espalier, c'est-à-dire ayant deux branches opposées à la base de la tige. Vous le plantez près d'un mur; vous dirigez les deux tiges verticalement, et si elles n'entendent pas raison, vous les forcez avec des tuteurs. Quant aux bourgeons qui se développeront, vous les fixerez et les inclinerez sur un angle de 50 degrés d'abord, afin de ne pas trop gêner la circulation de la séve; puis, les années suivantes, vous inclinerez un peu plus, en même temps que vous aurez soin de pincer les rameaux voisins des branches horizontales que vous voudrez former. Si les arbres poussaient peu, si le terrain ne leur était pas favorable, il ne faudrait établir qu'une branche de chaque côté par année. Entre les deux tiges, vous pourriez, à la rigueur, laisser quelques productions fruitières, mais je ne vous y engage point.

Éventail. — Les poiriers se prêtent fort bien à la forme en éventail. On établit l'éventail ou contre un mur, c'est-à-dire en espalier, ou parallèlement au mur, au moyen de lattes, c'est-à-dire en contre-espalier. L'éventail n'est pas plus difficile à diriger que la palmette simple, mais il exige plus de soins, plus de surveillance. Vous plantez un jeune arbre, un scion, et lui donnez une direction verticale, au moyen d'un tuteur. En mars, vous taillez à 40 ou 50 centimètres. Cette opération refoule la séve du côté de la greffe et il se développe sur la tige neuf ou dix bourgeons. Dans le cas où ces bourgeons ne se développeraient pas, on les forcerait au moyen d'incisions. Lorsque les rameaux sont assez longs pour être fixés en espalier, on les dispose en rayons, de chaque côté de la tige, et sur un angle moins ouvert que dans la palmette. Ces rayons doivent être parallèles entre eux. Comme la séve agit toujours plus vigoureusement au sommet qu'à la base, on doit surveiller de près les rameaux les plus rapprochés de l'œil de la flèche, les serrer contre le mur plus que ceux du bas et les pincer pour les empêcher de trop s'étendre et de trop grossir. En même temps, on doit surveiller de près aussi les sous-yeux de la greffe et détruire les faux rameaux qui pourraient en sortir aux dépens des premières branches.

L'année suivante, on taille comme dans la pyramide, long sur les branches de la base, court sur les branches du sommet. On palisse de nouveau, serré dans le haut, moins serré au milieu et moins encore pour les basses branches. On continue de pincer sévèrement les rayons rapprochés de l'œil terminal de la flèche; on pince également les pousses qui se produisent sur la longueur de la tige et l'on supprime entièrement les rameaux qui se développent en arrière, contre le mur.

L'année d'après, même opération, mêmes soins et ainsi, jusqu'à ce que les productions fruitières soient bien établies sur toutes les branches.

Lorsque les choses en sont là, on s'occupe de remplir les vides qui se trouvent entre les rayons. Pour cela, on laisse pousser et se développer sur chaque branche principale un ou deux bourgeons, soit en dessus, soit en dessous, et la charpente se complète.

Forme en vase ou en *gobelet*. — C'est la forme la plus convenable à donner aux pommiers sur paradis, car elle permet à toutes les parties de l'arbre de recevoir pleinement l'influence de l'air et du soleil. Voici de quelle manière on procède pour obtenir la forme en vase : — Quand le petit pommier paradis est planté, on ne réserve sur la tige que les trois rameaux les mieux placés ; on les taille sur une longueur de 15 à 16 centimètres, et dans le cours de la végétation, on ne laisse que les rameaux qui peuvent servir à compléter la charpente du vase ; on supprime ou on pince tous ceux qui sont inutiles. On est presque toujours obligé, dans le commencement, d'avoir recours à des arcs-boutants ou à des cerceaux pour obliger certains rameaux à prendre la forme voulue. Une fois cette forme prise, on les enlève.

VII

TAILLE DU PÊCHER.

Le pêcher est un arbre du midi. Il aime le soleil chaud et le ciel bleu. C'est vous dire qu'en Belgique, il n'a point toutes ses aises. Cependant, il y pousse, il y vient à force de petits soins, de petites attentions délicates. Sa vie n'y dure peut-être pas aussi longtemps qu'ailleurs, mais elle y dure encore assez pour donner de beaux et bons fruits. J'en sais qui seraient fort en peine de dire si les pêches que l'on mange en Belgique viennent de Paris ou de Bruxelles.

Règle générale : où vous aurez des raisins de treille, vous aurez des pêches d'espalier; où les premiers mûrissent, les seconds mûriront. Or, en Belgique, le raisin ne mûrit pas seulement sur les coteaux de Huy et chez les trappistes de la Campine, vous voyez encore des grappes jaunir et rougir à l'exposition du midi, dans la plupart des jardins. C'est pourquoi aussi, dans la plupart des jardins, même en Ardenne, vous retrouvez le pêcher. Apprenons donc à le tailler et à le conduire comme il faut.

Il n'y a guère d'arbres plus dociles que le pêcher,

sous la main du jardinier, mais il n'y en a pas non plus qui exigent plus d'attention et plus de surveillance. Ayez l'œil dessus, tout ira bien; tournez la tête, négligez-le, ne le visitez pas souvent, tout ira mal.

L'époque de la taille du pêcher varie nécessairement avec la nature du terrain, le climat, l'exposition et l'âge de l'arbre; mais généralement, on ne doit pas attendre, pour tailler, que les boutons soient ouverts, vu qu'au moment de la fleur, la perte de séve est trop considérable.

Ceci entendu, arrivons à la charpente du pêcher en ESPALIER-ÉVENTAIL. Voici d'abord deux branches qui partent du pied de l'arbre et vont l'une à droite, l'autre à gauche, contre le mur. Ce sont les *branches mères*, celles qui apportent les provisions de séve. Voici maintenant deux autres branches, l'une à droite et l'autre à gauche aussi, et partant chacune de la base des branches mères et en dessous de celles-ci. Ce sont les *sous-mères*, comme qui dirait : les filles aînées de la maison, celles qui prennent les vivres des mains de la mère, pour les porter sur la table et les diviser entre les plus jeunes de la famille. Voici enfin, en dessus et en dessous des mères et des sous-mères, d'autres branches de charpente qui aident aussi à la répartition des vivres. On les nomme *secondaires inférieures*, ou *supérieures*, selon qu'elles ont la tête en haut ou la tête en bas.

Toutes ces branches de charpente sont garnies, de distance en distance, et sur toute leur longueur en dessus et en dessous, de petites branches *coursonnes*, rapprochées chaque année comme dans la vigne, et sur lesquelles poussent les *branches à fruits*.

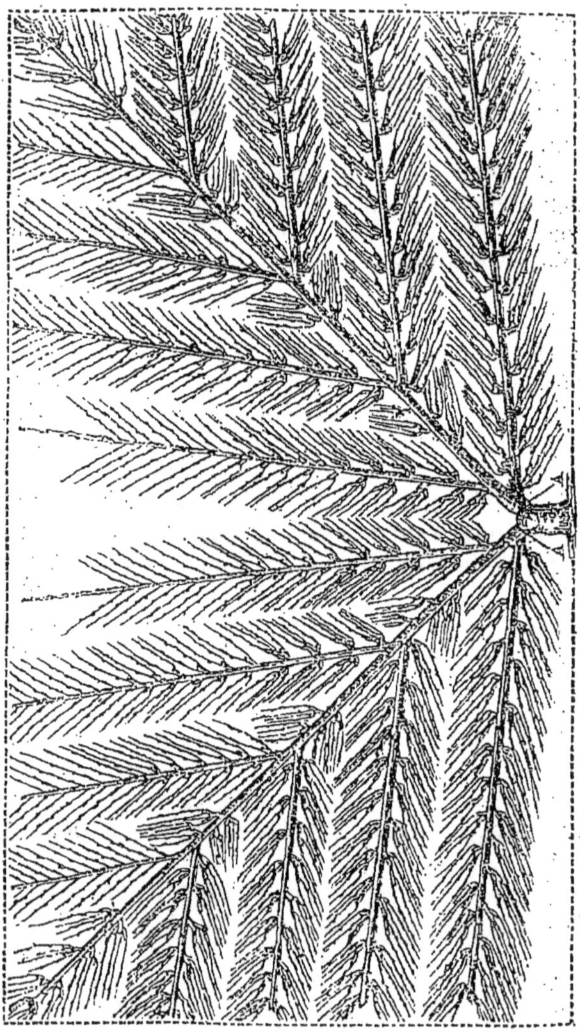

Fig. 7.

Les branches à fruits sont de quatre sortes. Nous avons d'abord la branche à bouquet, la meilleure de toutes, celle qui donne les fruits les plus beaux. Elle pousse sur le vieux bois, sur les coursons, sur les branches à fruits de l'année précédente. Elle n'a que de 2 à 6 centimètres de hauteur et se termine par un œil à bois, autour duquel se pelotonnent plusieurs boutons à fruits. Gardez-vous bien de toucher à ces petites branches.

Nous avons, en second lieu, une branche qui se garnit de boutons à fruits, allant par paires, c'est-à-dire deux à deux, comme les capucins du proverbe, et accompagnés d'un œil à bois entre les deux boutons. Yeux et boutons occupent environ les deux tiers de la longueur de la branche. Celle-ci donne encore d'excellents fruits.

Nous avons, en troisième lieu, une sorte de branche, sur laquelle les boutons, au lieu d'être deux à deux, sont un à un et accompagnés d'un œil à bois. Cette branche à fruits ne vaut pas la précédente ; toutefois, elle a droit à beaucoup d'égards.

Nous avons enfin une quatrième branche fructifère, qu'on appelle la *chiffonne*. Elle ne porte ordinairement que des boutons à fruits et point d'yeux à bois. On la remarque le plus souvent entre l'arbre et la muraille. C'est pourquoi, étant privée de soleil, elle semble maigrelette, pâle, souffreteuse et n'a pas l'air, comme on dit vulgairement, d'avoir la vie à deux jours. Ceux qui l'ont jugée sur la mine ont dit qu'elle était stérile et ne valait par conséquent rien ; mais ceux qui l'ont vue de plus près, et votre serviteur est du nombre, affirment qu'elle rapporte de beaux et bons fruits, qui mûrissent aussi bien que leurs voisins. Cette branche est quelquefois terminée par un œil à bois qu'on peut retrancher sans nuire au développement du fruit.

Formation et conduite de l'espalier éventail. — Maintenant que nous connaissons la charpente de l'éventail et les noms des pièces qui la composent, il s'agit d'apprendre comment s'y prennent les jardiniers pour former cette charpente. Vous allez voir que c'est la chose du monde la plus simple. Tenez, suivez bien l'explication : — Vous prenez un sujet de 18 mois, greffé non point sur amandier, comme en France, mais sur prunier; vous examinez la position des yeux sur le bas de la tige et après en avoir reconnu deux, bien placés pour former les branches mères de chaque côté, c'est-à-dire deux yeux, opposés l'un à l'autre, dos à dos, et à 20 ou 25 centimètres au-dessus du collet, vous plantez le petit arbre à 15 ou 20 centimètres de la muraille, pas davantage, en ayant soin que les yeux, destinés à donner les branches mères, soient par côté. S'ils se trouvaient en avant ou en arrière, vers le mur, la disposition ne vaudrait rien. Une fois l'arbre planté, en automne, vous le fixez au treillage, pour que le vent ne le contrarie point, et au printemps suivant, vous taillez la tige au-dessus des deux yeux, en ayant soin que la plaie regarde la muraille, pour qu'elle soit moins exposée à l'action du soleil.

Il sortira des deux yeux deux rameaux. Vous les palisserez sur le treillage à angle de 35° environ. Et si, pendant le cours de la végétation, l'un mange plus de sève et grossit plus vite que l'autre, vous inclinerez le plus gourmand dans le sens de l'horizontale, pour le contrarier, en même temps que vous relèverez le plus faible dans le sens de la verticale et le dégagerez de toute

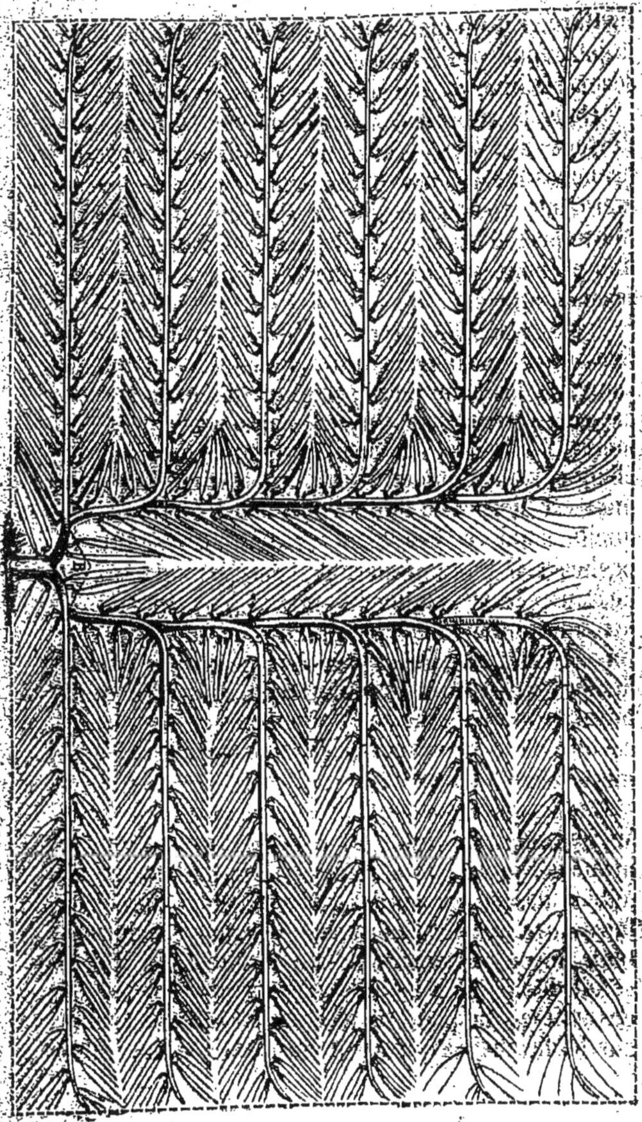

Fig. 8.

ligature. En un mot, vous mettrez le premier sous le joug, pour qu'il maigrisse, et vous donnerez au second la liberté, pour qu'il grandisse et se fortifie.

Dans le cas où il pousserait sur la tige, au-dessous des deux rameaux, destinés à devenir branches mères, des petits rameaux qui les affameraient, vous pinceriez sévèrement ou supprimeriez ces derniers. Voilà pour la taille de première année; voici maintenant pour la taille de seconde année.

Nous avons, je suppose, de chaque côté de la tige, un beau rameau qui s'appellera, un jour à venir, la branche mère; il s'agit d'allonger cette branche mère et de donner naissance à la sous-mère. Pour cela, nous n'avons qu'à choisir sur chaque rameau deux yeux bien conformés pour mener à bien cette double opération. Or, voici de quelle manière les yeux sont disposés sur le pêcher : il y en a devant, derrière, dessus et dessous. Je veux allonger mes deux rameaux, je les taille à 20 ou 25 centimètres de longueur sur un œil de devant. Puis, je choisis un œil en dessous, le plus rapproché possible de la naissance de la branche mère, j'incise légèrement au-dessus de cet œil et il se développera un rameau qui formera la sous-mère branche.

Voulez-vous savoir, à présent, pourquoi je taille sur un œil de devant, afin de continuer la mère branche? je vais vous le dire. Si je taillais sur un œil en dessus ou en dessous, je serais forcé de faire faire le coude au rameau développé, pour obtenir un prolongement en ligne droite, et ce coude serait désagréable à l'œil. Si je taillais sur un œil en arrière, la plaie se trouverait nécessairement sur le devant, ce qui serait encore très-désagréable à l'œil. En taillant, au contraire, sur un œil de devant, la plaie regarde le mur et le jeune rameau que je couche dessus, au moment de son développement, a le double mérite de masquer encore cette plaie et de continuer la branche en ligne droite, sans former de coude sensible.

Cependant, comme les choses, en ce monde, ne vont pas toujours à souhait, il pourrait arriver qu'il n'y eût point, sur le devant du rameau, un œil à bois bien conformé, pour établir le prolongement. Dans ce cas, il faut savoir se contenter à moins. On choisit donc un œil en dessous ou sur le derrière. Mais quand on le choisit sur le derrière, on taille plus loin de l'œil, afin d'éviter les inconvénients qui résultent de l'action du soleil sur la plaie. On taille quelquefois sur un œil en dessus, mais c'est lorsqu'on n'a pas la ressource de faire autrement. Et dans ce cas, il faut palisser le rameau de bonne heure, car il se développe très-vite et formerait un coude trop prononcé.

Les deux yeux choisis sur chacune des deux branches mères nous donneront en tout quatre rameaux. Nous les surveillerons attentivement pendant le cours de la végétation ; nous répartirons également la séve entre eux et nous pincerons avec soin les pousses gourmandes qui naîtront près de nos rameaux, en dessus et en dessous. Quant à celles qui naîtront sur le devant et sur le derrière, nous les supprimerons entièrement.

Nous voici donc, la troisième année, en face d'un jeune arbre, ayant deux mères branches et deux sous-mères. Il ne s'agit plus que de disposer cette charpente en éventail. Pour cela, je taille les quatre rameaux au-dessus de quatre yeux de devant, si c'est possible, à 70 ou 80 centimètres de la seconde bifurcation, si les rameaux sont vigoureux. Ces yeux continueront les branches mères et sous-mères, tandis que les quatre yeux, placés immédiatement en dessous, fourniront des branches secondaires inférieures.

Pendant le cours de la végétation, on pincera au-dessus de la troisième feuille, y compris celle de l'aisselle, c'est-à-dire à environ 10 centimètres de longueur, tous les rameaux qui naîtront des yeux placés en dessus et en dessous des branches mères et des sous-mères. Ils donneront un peu plus tard les premières branches à fruits; ce seront les premiers coursons. On supprimera les rameaux qui naîtront sur le derrière ou sur le devant. En même temps, on aura soin de pincer, plusieurs fois même, au besoin, les *gourmands*, c'est-à-dire les rameaux forts et vigoureux qui poussent volontiers près des coudes et des nœuds, toujours en dessus, et qui, à eux seuls, mangeraient toute la séve destinée à nourrir l'arbre. On pincera de même les rameaux qui naîtront à leur base, et il en résultera un certain nombre de petites branches, que l'on retranchera l'année suivante, à l'exception d'une seule que l'on taillera pour en faire une branche à fruit.

A mesure que l'arbre se développera, on formera chaque année, et toujours à 70 ou 80 centimètres de longueur, une branche secondaire inférieure. On ne formera les branches secondaires supérieures que longtemps après, lorsque la charpente sera très-forte. Sans cette précaution, les branches supérieures attireraient la séve à elles et affameraient celles de dessous. En deux ou trois ans, on obtiendra en dessus des branches plus fortes que celles obtenues en dessous, dans l'espace de sept ou huit ans.

De la taille en forme carrée. — Cette forme ressemble beaucoup à celle en éventail; elle n'en diffère que par l'absence des sous-mères. Dans la forme carrée, il n'existe que des branches mères et des branches secondaires inférieures et supérieures. On forme l'arbre comme l'on forme le pêcher en éventail, en ayant soin, bien entendu, de commencer par les secondaires inférieures et de finir par les secondaires supérieures. Il importe que l'œil destiné à fournir une branche secondaire inférieure soit placé le plus près possible de celui qui est destiné à continuer la branche mère. Les branches secondaires doivent être placées sur les branches mères à environ 60 centimètres l'une de l'autre. Lorsque vient le moment de former les branches secondaires supérieures, il importe de les faire sortir d'un œil éloigné de quelques centimètres du point d'attache des secondaires inférieures correspondantes, afin que la sève arrive plutôt dans celles-ci que dans les premières.

Taille du pêcher en palmette. — Cette forme est jolie et facile à obtenir. On plante un sujet ayant deux rameaux de 25 à 30 centimètres de longueur environ; on courbe graduellement ces rameaux en dehors et de chaque côté de la muraille, et on les palisse presque horizontalement, en ayant soin que, vers les coudes, il se trouve un œil en dessus, destiné à fournir les rameaux qui doivent produire les deux branches de l'U. Lorsque ces rameaux de prolongement ont atteint 70 ou 80 centimètres, on les courbe à leur tour et on les palisse. Les yeux qui doivent se trouver aux points de courbure, se développent, continuent la tige, et leurs rameaux, ayant atteint la hauteur voulue, sont arqués comme les précédents, et ainsi de suite jusqu'au-dessus de la muraille. Les branches qui forment ce que l'on appelle les bras de la palmette doivent être à 60 centimètres l'une de l'autre; les deux tiges qui forment l'U doivent donner un écartement de 25 centimètres, à peu près. Si le pêcher en palmette occupe un bon terrain et pousse vigoureusement, on ne taille pas l'extrémité des branches latérales; dans aucun cas, on ne taille la tige. On se borne à ébourgeonner et à tailler les faux rameaux, jusqu'à ce que les coursons et les branches à fruit soient obtenus.

De la taille des branches à fruit. — L'arbre est élevé; il est grand, il est fort, il faut maintenant qu'il produise. Après le bois, les fruits. Parlons donc un peu de la taille des branches qui les rapportent. Ces branches, nous les connaissons déjà. Les unes, celles à bouquet, partent du vieux bois; les autres partent des coursons qui garnissent, en dessus et en dessous, les branches de charpente, coursons qui se développent à la place des rameaux pincés et des faux rameaux taillés durant la formation de l'arbre, à l'époque de la seconde et de la troisième taille.

Pour le pêcher, comme pour la vigne, les branches à fruit ne donnent qu'une récolte. Il s'agit donc de les renouveler tous les ans et de les tenir rapprochées le plus possible des branches de charpente. Plus les coursons se rapprochent de ces branches, mieux l'arbre se porte et plus la production est assurée. S'ils s'allongent et se développent au delà de 12 ou 15 centimètres, ils affament la charpente, dérangent l'équilibre, contrarient la répartition de la séve, et bientôt il y a péril en la demeure. Les grosses branches se dénudent, des vides s'établissent, l'arbre prend une mauvaise physionomie, ne donne plus de beaux produits et s'en va dépérissant. Branches à fruits mal taillées, pêcher perdu.

Ne touchez pas aux branches à bouquets. Quant aux autres branches à fruits, taillez au-dessus du 4e ou 5e bouton, si elles sont placées en dessus des branches de charpente; mais si elles sont en dessous, ne leur laissez que 2 ou 3 boutons à fleurs tout au plus. Après cela, éborgnez, avec les ongles, tous les yeux à bois qui n'accompagneront pas un bouton à fleur, à l'exception cependant du terminal et des deux yeux qui sont les plus rapprochés du courson. Voici pourquoi : quand la branche aura donné ses pêches, elle n'en donnera plus l'année d'après. Il faudra par conséquent la remplacer par une autre, et c'est pour cela que nous ménageons à sa base, près du courson, deux yeux à bois ou bourgeons. Ces yeux nous donneront deux rameaux, et nous choisirons entre les deux le plus propre à former la branche de remplacement. En dessus, nous réserverons le plus faible; en dessous, nous réserverons le plus fort, attendu que la séve est plus disposée à monter qu'à descendre.

Dans le cas où le rameau de remplacement se développerait avec peine, on pincera l'extrémité de la branche à fruit pour refouler la séve vers sa base; dans le cas, au contraire, où il prendrait trop de vigueur, on favorisera le développement du rameau terminal de la branche à fruit et on palissera de bonne heure le rameau de remplacement, dans une direction horizontale.

Règle générale, il ne faut pas que les branches à fruits, dans le pêcher, dépassent la grosseur d'un tuyau de plume.

Toute branche, réservée pour donner du fruit et qui ne porte point de boutons à fleurs ou n'en porte qu'à son extrémité, doit être taillée au-dessus des deux yeux de la base.

Lorsque vous avez, à l'extrémité du courson, une bonne branche à fruit, et, près de sa base, une branche moins bonne ou un œil à bois, vous supprimez, l'année suivante, la branche qui vient de donner des fruits; vous enlevez en même temps tout ou partie du courson, et vous avez, comme branche de remplacement, le rameau sorti de l'un des yeux au-dessus desquels on a taillé, ou de l'œil qui se trouvait à la base.

Il peut arriver que sur un courson, on rencontre une branche à bouquet et une branche à fruit ordinaire. Dans ce cas, on peut supprimer la branche à fruit ordinaire et conserver la branche à bouquet, dont un des yeux fournira le rameau de remplacement.

Lorsque les fruits ne nouent pas sur un pêcher, on pratique ce qu'on appelle la taille en vert. Elle consiste à rabattre, immédiatement au-dessus du deuxième œil, la branche qui aurait dû les porter. Ordinairement, on pince à 10 ou 12 centimètres de longueur les rameaux qui accompagnent les fruits.

Il peut arriver qu'il pousse sur le même point plusieurs branches à fruits. Dans ce cas, si l'arbre est vieux et affaibli, on les retranche, à l'exception de celle qui est placée le plus convenablement; mais si l'arbre est jeune et plein de vigueur, on pratique ce que l'on appelle la *taille en toute perte*, taille qui consiste à laisser du fruit sur toutes les branches, sans se préoccuper du rameau de remplacement, excepté sur une seule. Après la récolte, on enlève toutes les branches surabondantes.

Je vous ai déjà dit qu'il fallait se tenir en garde contre les coursons trop longs. Lorsqu'ils ont atteint 15 ou 20 centimètres de longueur, on procède à leur remplacement de la manière suivante : On appuie la main sur l'extrémité du courson ; on le fait plier peu à peu, jusqu'à ce que l'on entende un petit craquement vers la base. Les tissus se trouvent ainsi rompus; la séve s'arrête un moment sur le point de rupture des vaisseaux, et souvent il se développe dans le voisinage un ou plusieurs yeux, jusqu'alors inactifs ou dormants. Et avec l'un des nouveaux rameaux, on remplace le courson. Cette opération, bien entendu, ne réussit pas toujours.

Aussitôt après la taille, la première opération à faire subir au pêcher est le palissage ou dressage. On peut commencer à fixer les rameaux contre le mur, au moyen de morceaux de drap, dès qu'ils ont 10 ou 12 centimètres de longueur.

Rétablissement de l'équilibre dans un espalier. — Lorsque l'équilibre est rompu dans un espalier, c'est-à-dire lorsque l'un des côtés se montre vigoureux, tandis que l'autre côté s'affaiblit, on ramène cet équilibre en laissant le côté faible aller en pleine liberté, en l'éloignant du mur et en ne pratiquant ni pincement ni ébourgeonnement. En même temps, on l'empêche de produire et l'on taille très-long les branches et les rameaux. Quant à la partie vigoureuse, au contraire, on l'assujettit au treillage, on la taille court, on place un abri en planches ou en paille contre le mur, au-dessus des rameaux supérieurs, on pince sévèrement, on ébourgeonne au mois de mai et, enfin, on la laisse porter tous ses fruits, afin d'épuiser sa vigueur.

Moyens de regarnir les branches de pêcher dénudées. — Dans les jardins mal tenus, et même dans ceux que l'on soigne tout particulièrement, vous voyez souvent, aux pêchers, des branches de charpente dénudées dans une partie de leur longueur, c'est-à-dire ne portant plus ni coursons, ni productions fruitières. Dans ce cas, on cherche un œil à bois à la base de la partie que l'on veut regarnir, on développe un rameau, on le couche avec précaution sur la branche dénudée, on l'y fixe à l'aide de ligatures. L'année d'après, on taille l'extrémité de ce jeune rameau, on éborgne ses yeux inutiles, on en conserve un certain nombre à 12 ou 15 centimètres l'un de l'autre, afin d'en faire des branches à fruits d'abord, puis des coursons, et l'opération est terminée.

Il existe encore un moyen de remplir les vides, qui me semble plus avantageux que le précédent, c'est la greffe en approche. On pratique de petites entailles sur la partie dénudée et l'on y couche des rameaux voisins. Au bout de trois semaines, la soudure est parfaite. Alors on sèvre la greffe, ce qui veut dire qu'on coupe la partie qui est au-dessous du point d'approche. On taille ensuite les nouveaux rameaux comme les autres, au moment de la taille d'hiver.

Pincement, ébourgeonnement, palissage et taille d'été.—C'est vers la fin de mai et dans la première quinzaine de juin, qu'il faut pincer les rameaux trop vigoureux et enlever ceux qui sont inutiles. Cette suppression ne doit pas être faite en un seul jour, mais peu à peu, progressivement, de manière qu'il n'en résulte point une trop grande déperdition de sève, qui compromettrait la vie de l'arbre. Le pincement, qui s'opère avant l'ébourgeonnement, consiste à rompre avec les doigts la partie herbacée des rameaux, dont on a besoin, mais auxquels on ne veut pas permettre de se développer.

C'est aussi au mois de juin qu'on palisse les pêchers, en commençant par les rameaux placés en dessus des branches, et en finissant par ceux placés en dessous, parce que les premiers poussent toujours avec plus de vigueur que les seconds. Lorsqu'on palisse, il faut avoir soin de ne jamais prendre de feuilles dans la ligature, car l'œil qui qui se trouve à la base de ces feuilles, souffrirait de cette gêne. Il faut avoir soin aussi de ne point laisser passer les rameaux derrière le treillage.

De l'effeuillage. — Quinze jours ou trois semaines avant la maturité complète des pêches, on doit enlever les feuilles qui les masquent, afin que l'action du soleil puisse les colorer et les rendre plus savoureuses qu'elles ne le seraient sans cela. Cette suppression des feuilles ne doit pas être faite maladroitement, en une seule fois. On commence par enlever une moitié de feuille, rarement une feuille entière, et l'on fait durer l'opération pendant quatre ou cinq jours. Si l'on découvrait le fruit brusquement, un coup de soleil pourrait survenir, le rider et en arrêter le développement. Il ne faut pas arracher la feuille; on doit seulement la couper avec les ongles, au-dessus de la queue, afin de ne pas altérer l'œil qui se trouve à la base de cette queue ou pétiole, comme disent les savants.

VIII

DE LA GREFFE, DES MARCOTTES ET DES BOUTURES DES ARBRES FRUITIERS.

— Mes amis, continua M. Mathieu, nous allons à présent parler de la greffe. Quand nous n'avons à l'étable qu'une bonne vache, rien qu'une sur cinq ou six qui ne valent pas grand'chose, nous nous disons par moments : Que le bon Dieu la préserve de la pourriture ou du charbon, tant qu'elle n'aura pas donné veau, car ce serait un malheur d'en perdre la race. Eh bien, nous disons aussi, quand nous avons un bel et bon arbre au jardin : Dieu nous préserve d'en perdre l'espèce ou la variété. Faisons lui faire des petits.

Or, ce n'est pas toujours avec les pepins et les noyaux que l'on réussit à reproduire les arbres; le plus souvent, c'est avec la greffe ou autrement, c'est en les mariant les uns aux autres. Mais pour que la chose réussisse, il ne faut point sortir des alliances de famille, il faut qu'il y ait de la parenté entre l'arbre qui fournit la greffe et l'arbre qui est destiné à la recevoir, il faut que le sang parle, que la séve de celui-ci ne soit pas antipathique à la séve de celui-là.

Ainsi, on greffe habituellement avec succès le

poirier ou sur *franc*, c'est-à-dire sur un poirier provenant d'un pepin de poire cultivée, ou sur *sauvageon*, c'est-à-dire sur un poirier provenant des forêts, ou sur *cognassier*, ou enfin sur *aubépine* ou *épine blanche*. Tous ces arbres sont de la même famille, de la famille des Rosacées.

Les rameaux que l'on greffe sur franc ou sur sauvageon, sont destinés presque toujours à produire des arbres à plein vent, car ils deviennent très-vigoureux et ne donnent pas de fruits aussi promptement que ceux greffés sur cognassier et aubépine. Cependant, il y a quelques espèces qui ne réussissent pas sur cognassier, et, dans le nombre, je citerai le beurré d'Angleterre, la bergamote d'Angleterre et la bergamote Sylvande. Quand on veut obtenir ces fruits d'hiver sur cognassier, il faut commencer d'abord par greffer une espèce d'été et greffer ensuite sur cette première greffe.

Si les arbres greffés sur cognassier donnent plus promptement des fruits que les arbres greffés sur franc, en revanche, ceux-ci vivent plus longtemps que les premiers.

On greffe le pommier sur *sauvageon* des bois, sur *égrain* venu de pepin de pomme cultivée, sur *doucin* et sur *paradis*, deux variétés sauvages. Les pommiers sauvages des bois et les égrains sont fort recherchés pour les plein-vent.

Le doucin tient le milieu entre l'égrain et le paradis. On le recherche surtout pour former les espaliers et les vases. Le paradis, qui ne s'élève guère à plus d'un mètre et qui a des racines peu profondes, donne les plus beaux fruits.

Passons maintenant aux fruits à noyaux : — On greffe ordinairement le cerisier sur l'arbre de sainte Lucie et sur le merisier. L'arbre de sainte Lucie convient moins aux terrains humides et froids qu'aux terrains secs et légers. Le merisier à fruits rouges doit être destiné au cerisier proprement dit, et le merisier à fruits noirs au guignier et au bigarreautier. On peut encore greffer le cerisier sur franc venu de noyau.

On greffe le prunier sur damas, sur Saint-Julien et sur prunier venu de noyau. Pour la reine-Claude, et les autres prunes à chair fondante, le meilleur sauvageon est le Saint-Julien. Ce sauvageon convient encore beaucoup au pêcher en plein vent. Le damas lui convient également, si nous exceptons les deux chevreuses qui n'en veulent point.

On greffe l'abricotier sur sauvageon d'abricot et, dans le midi, sur amandier à coque tendre et amande douce ; mais en Belgique, où l'amandier s'aoûte difficilement, il faut recourir au prunier pour greffer les abricotiers et les pêchers.

L'abricotier angoumois, l'abricotier de Portugal et certains pêchers, comme la belle de Tours, par exemple, réussissent bien sur prunier.

Le petit sauvageon du prunier de Canada, ou *prunus prunella*, est utilisé avec succès pour obtenir des espaliers de pêchers nains, propres à garnir des murailles, n'ayant pas plus d'un mètre d'élévation. Ces espaliers sont très-productifs, donnent d'excellents fruits, mais ne vivent pas plus d'une douzaine d'années.

Au dire des hommes de longue expérience, la nature du sauvageon n'influe en aucune manière sur la qualité des fruits. Ce qui influe, c'est la nature du sol, la chaleur, les saisons. L'influence du sauvageon s'exerce principalement sur le développement de la greffe, sur la vigueur et la durée de l'arbre.

Avant d'en finir avec ces généralités, j'ai besoin de vous signaler certaines bizarreries de la nature que je ne m'explique point, mais que tout greffeur doit connaître. Autrement, il s'exposerait à faire des écoles.

Ainsi, voici, je suppose, une greffe qui réussit fort bien sur tel sujet, tandis que le sujet en question ne réussira pas sur l'arbre qui a fourni la greffe. Le poirier, par exemple, réussit sur le pommier doucin, tandis que le pommier ne réussit pas sur le poirier.

Ainsi, les arbres à feuilles persistantes réussissent sur les arbres à feuilles caduques, tandis que les arbres à feuilles caduques ne réussissent pas sur les arbres à feuilles persistantes.

A présent que nous savons où prendre nos sujets pour appliquer les greffes, étudions, l'un après l'autre, les divers modes de greffer. Le but est le même pour tous; il consiste à établir une communication parfaite entre les vaisseaux séveux du sujet et les vaisseaux séveux de la greffe; les moyens seuls diffèrent entre eux.

Notons encore en passant que les greffes doivent être prises sur des arbres vigoureux et sains, et coupées quelques semaines à l'avance. On leur met le pied en terre, par poignées, pour qu'elles ne se dessèchent point. Elles font ainsi carême, elles jeûnent et se trouvent par conséquent fort en appétit quand vient l'heure de l'opération. Elles sont d'une reprise facile. Ordinairement, les greffes se font avec des rameaux d'un an, mais on peut se servir aussi de rameaux de deux ans. Ceux-ci se mettent à fruit plutôt que les premiers, mais ils prennent beaucoup moins de développement.

De la greffe en poupée ou *en fente à deux scions.* — Celle-ci est la plus connue de toutes, et souvent la seule connue dans nos villages. Voici comment on la pratique : vous prenez deux des rameaux ou scions qui ont le pied en terre depuis cinq ou six semaines; vous choisissez de ces rameaux la partie qui porte trois ou quatre yeux bien conformés, à la file l'un de l'autre, et vous donnez un coup de serpette en haut et en bas. Il vous reste donc en main deux morceaux de rameaux, longs tout au plus comme le petit doigt. Vous amincissez de chaque côté la partie inférieure de ces morceaux de rameaux, en forme de lame de couteau. Voilà les deux greffes façonnées. Il ne reste plus qu'à préparer le sujet qui doit les recevoir. Ce sujet est un sauvageon ou un franc, je suppose; vous le sciez horizontalement, n'importe à quelle hauteur, et de manière à ne pas érailler l'écorce; vous rafraîchissez ensuite la plaie avec une bonne serpette, après quoi vous fendez de haut en bas, par le milieu et à quelques centimètres de profondeur seulement, le sauvageon ou le franc que vous voulez greffer : avec le bec de votre serpette ou avec un petit coin, vous tenez la fente ouverte, et de chaque côté, vous y introduisez vos greffes, de façon que la seconde écorce de ces greffes s'ajuste parfaitement à la seconde écorce du sujet. Après cela, vous retirez la serpette ou le coin; les deux parties écartées se rapprochent et serrent les greffes. Dans le cas où elles ne se rapprocheraient point, on serrerait avec une ligature. On termine l'opération dans nos villages en recouvrant les plaies de terre glaise et en enveloppant cette terre d'un morceau de linge. Les jardiniers n'ont pas recours à cette poupée. Ils enduisent tout simplement la plaie, soit avec l'onguent de saint Fiacre, soit avec la cire à greffer.

— Et la manière de faire cet onguent et cette cire? demanda Jean-Pierre.

— Mon garçon, répondit M. Mathieu, tu prendras deux tiers de terre franche, un peu argileuse, et un tiers de bouse de vache fraîche, tu mêleras bien les deux ingrédients et tu auras l'onguent de saint Fiacre. Quant à la cire à greffer, c'est plus compliqué. Il y en a de deux sortes : l'une que l'on emploie un peu chaude, l'autre froide. La première, celle que l'on fait chauffer et tiédir, se compose de :

500	grammes . . .	Poix blanche de Bourgogne.
120	—	Résine.
120	—	Poix noire.
100	—	Cire jaune.
60	—	Suif.

L'autre, la cire à froid, se compose de :

500	grammes . . .	Cire jaune.
500	—	Térébenthine.
250	—	Poix blanche.
125	—	Suif.

On fait fondre le tout et on conserve cette cire en pains, pour s'en servir au besoin. Elle est d'un usage plus commode que la précédente, mais elle ne prend point sur le bois mouillé et résiste difficilement sur les plaies qui perdent de la sève en abondance.

La greffe en fente réussit parfaitement sur le poirier et le pommier, mais elle ne réussit pas toujours de même sur le prunier et l'abricotier.

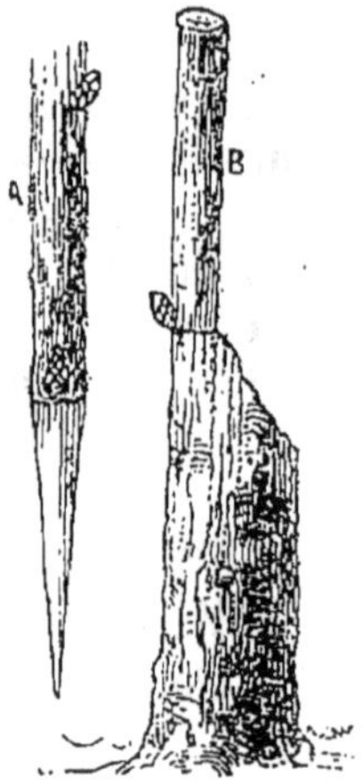

Fig. 9.

De la greffe en fente à un seul scion. — On l'exécute au printemps, comme la précédente, du 20 mars au 20 avril, mais sur de jeunes sujets ou sur de petites branches. On taille l'un des côtés en biseau, en bec de plume, et l'on insère le scion sur l'autre côté.

Avec la greffe en fente, vous pouvez transformer facilement une pyramide, dont les fruits ne sont pas de bonne qualité. Vous coupez toutes les branches de cette pyramide à 12 ou 15 centimètres de la tige, et vous placez un scion sur chacune d'elles, toujours en dessus, attendu que la séve se porte plutôt dans cette direction qu'en dessous. Il va sans dire que pour que les greffes, ainsi faites, réussissent bien, il est nécessaire de supprimer toutes les pousses qui peuvent se produire sur le vieux bois.

De la greffe anglaise. — Elle se fait aussi au printemps, sur des sujets très-jeunes. La greffe et le sujet doivent être rigoureusement de la même grosseur. Quand, avec la serpette, vous taillez de bas en haut un rameau d'arbre, les deux morceaux du rameau offrent chacun un biseau à l'endroit de la coupe, n'est-ce pas? Si vous placiez ces biseaux l'un sur l'autre, ils se recouvriraient exactement, de façon que le rameau n'aurait plus l'air d'avoir été coupé en deux, n'est-ce pas? Vous pourriez même les rajuster sans colle ni ligature, rien qu'en fendant chaque biseau par le milieu et en agrafant pour ainsi dire les esquilles. Eh bien, si vous comprenez cette opération, vous avez une idée exacte de la greffe anglaise.

Lorsqu'elle est faite avec soin, lorsque les esquilles sont bien engagées l'une dans l'autre, on pourrait à la rigueur se passer de ligature pour maintenir la greffe sur le sujet; mais il vaut mieux entourer les plaies de laine grossièrement filée et mettre de la cire.

Dans le cas où l'on ne trouverait pas une greffe rigoureusement de la même grosseur que le sujet, on s'arrangerait de façon à mettre les écorces en contact d'un seul côté, et la reprise réussira presque toujours.

De la greffe par emporte-pièce. — Cette greffe, que l'on exécute au printemps sur des tiges ou sur des branches très-grosses, n'exige pas, comme la greffe à deux scions, que l'on fende le sujet par le milieu. On pratique une entaille triangulaire à sa partie supérieure, dans le vif même du bois, et on taille

Fig. 10.

Fig. 11.

la greffe de façon qu'elle remplisse parfaitement le vide. On fait coïncider les écorces, on ligature et on recouvre de cire.

De la greffe Ferrari ou génoise.—Elle est fort en usage à Gênes pour les orangers. La greffe et le sujet doivent être de même grosseur. On taille la greffe en bec de haut-bois; on coupe la tête au sujet, on fait dans le milieu de son diamètre une entaille destinée à recevoir le bec de la greffe; puis on ligature et l'on recouvre de cire. On peut procéder dans le sens inverse, tailler le sujet en bec de haut-bois et faire un vide correspondant dans le milieu de la greffe. C'est ce qu'on appelle greffer par *enfourchement*.

De la greffe en couronne.—On l'exécute au printemps sur de forts sujets ou de fortes branches de 25 à 30 centimètres de diamètre. Quand le sujet est scié et rafraîchi avec la serpette, on prépare bon nombre de greffes à deux yeux, mais au lieu de les amincir des deux côtés en lame de couteau, on ne les amincit que d'un seul côté, en ayant soin d'allonger beaucoup le biseau et de ménager un petit cran à sa base. Ces dispositions prises, on

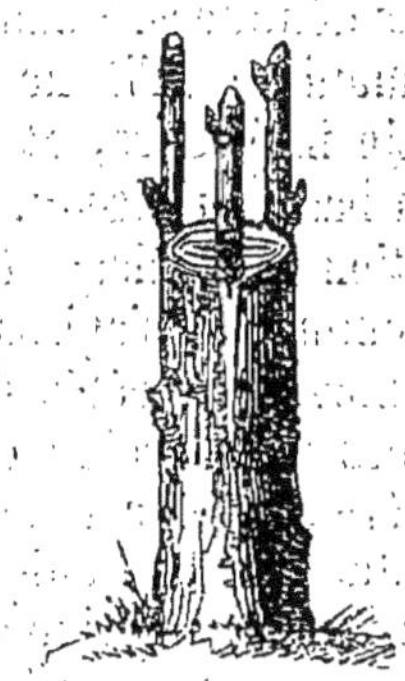

Fig. 12.

détaché l'écorce de l'aubier tout autour du sujet, et à l'aide d'un petit coin; puis on insère les scions entre cette écorce et cet aubier, de manière que le cran du scion vienne s'appuyer sur le bois. On place ainsi cinq ou six greffes, afin d'ouvrir à la séve le plus de débouchés possible; autrement, l'arbre pourrait dépérir. Quelquefois, l'écorce se fend; mais que ceci ne vous inquiète pas. Avec une bonne ligature et de la cire, le mal est vite réparé.

Cette greffe en couronne réussit fort bien sur tous les arbres fruitiers, excepté sur les arbres à noyaux, qui laissent perdre trop de séve.

La seconde année, quand les scions sont très-vigoureux, on ne conserve que le plus fort et on supprime les autres.

De la greffe en couronne sur le côté. — Je commence par vous dire que le nom, donné à cette greffe, me paraît absurde. On taille, il est vrai, le scion comme dans l'opération précédente, mais ce n'est point une greffe en couronne. On ferait bien de la rebaptiser. Elle est fort utile pour regarnir les branches dénudées. Vous amincissez bien votre scion, de manière qu'il ne reste plus que l'écorce à la partie inférieure, et vous ne laissez point de cran à la base du biseau. Puis, vous procédez à son insertion en incisant l'écorce du sujet en forme de T, comme s'il s'agissait de greffer en écusson. Vous soulevez les côtés de l'écorce avec le greffoir et placez votre scion de façon que le biseau porte entièrement sur le sujet. C'est pour arriver à ce résultat que l'on enlève un petit chevron d'écorce à la partie supérieure du T ; et une fois la greffe insérée, on rabat l'écorce dessus, on ligature avec de la laine et on recouvre avec de la cire.

On procède de même pour la greffe en écusson ; seulement, au lieu d'opérer au printemps, on opère au mois d'août.

De la greffe en approche.—Quand deux branches de même grosseur poussent, appuyées l'une sur l'autre, il arrive souvent que leurs écorces se rongent et que leurs aubiers se soudent. C'est évidemment là ce qui a donné l'idée de la greffe en approche. On peut la pratiquer au moment de la séve de printemps et au moment de la séve d'août.

Vous avez, je suppose, deux scions plantés l'un à côté de l'autre, et vous voulez greffer celui-ci sur celui-là. Vous entaillez, jusque dans le bois, le sujet et la greffe, vous joignez les plaies qui doivent se recouvrir exactement, vous ligaturez avec de la laine, vous mettez de la cire sur la ligature, vous pratiquez une forte incision sur le sujet, au-dessus de la greffe, pour que la séve reflue, et, au bout de 3 ou 4 mois, vous reconnaissez à la formation des bourrelets inférieur et supérieur à la plaie, que la soudure est parfaite. Alors, vous sevrez la greffe, ce qui revient à dire que vous la coupez au point de soudure et en arrachez le pied. Ce sevrage ne doit pas être fait brusquement. On commence par entailler jusqu'au tiers le scion qui fournit la greffe; huit jours plus tard, on fait pénétrer l'entaille jusqu'aux deux tiers; enfin, deux ou trois jours après, on sépare complétement la greffe de sa tige et l'on coupe la tête du sujet sur lequel on a greffé, et cela fait, on enlève la ligature.

La greffe en approche est fort utile aussi pour combler des vides et remplacer des branches. Ainsi, lorsqu'un côté de pyramide est dénudé, on y greffe des rameaux du côté opposé, et cette greffe réussit fort bien sur les poiriers, pommiers et cerisiers. On laisse aux rameaux leur œil terminal et on favorise à leur base le développement de nouveaux bourgeons destinés à les remplacer au besoin.

Avec la greffe en approche, on peut également regarnir une branche dénudée, de la manière suivante : — On prend un rameau, placé au-dessous de la partie dénudée, on couche l'un sur l'autre, dans une direction longitudinale, on ligature, et au-dessus de la ligature, on place un petit arc-boutant en bois qui oblige la greffe à s'écarter du sujet pour former branche.

Depuis quelques années, on tire un parti très-avantageux de la greffe en approche pour remplacer sur le pêcher les branches qui manquent. On la pratique en juillet avec des bourgeons de l'année même, encore herbacés à leur extrémité, mais presque entièrement aoûtés d'ailleurs. Il va sans dire que l'on prend la partie aoûtée pour opérer la soudure. Avec la pointe de la serpette, on fait sur le sujet une entaille de forme ovale et proportionnée à la grosseur du bourgeon que l'on veut greffer. On enlève, vers le milieu de ce bourgeon, un peu d'écorce et d'aubier; on lui donne une forme de coin et on l'ajuste de son mieux dans l'ovale du sujet. La greffe doit avoir un œil sur la plaie même, et il faut bien se garder de le couvrir, en ligaturant. On laisse entière l'extrémité du rameau; à la rigueur même, on peut, s'il est assez long, s'en servir pour former de nouvelles greffes, de distance en distance. Pas n'est besoin ici d'employer la cire à greffer; une ligature suffit, et au bout de trois semaines la reprise est faite. Mais il faut attendre pour sevrer.

De la greffe en écusson. — On incise l'écorce du sujet en forme de T droit ou de ⊥ renversé, on soulève de chaque côté, on y insère un écusson portant un œil bien conformé, on ligature, en laissant cet œil à découvert, et au bout de quinze jours la reprise est faite.

Il y a deux sortes de greffe en écusson, celle à œil poussant, qui n'est guère pratiquée que sur le mûrier, et celle à œil dormant, employée dans les pépinières comme étant la plus expéditive de toutes et ne mutilant point les sujets.

C'est au printemps que l'on exécute la greffe à œil poussant, avec des yeux de l'année précédente. C'est en juillet, août et septembre que l'on exécute la greffe à œil dormant, avec des yeux de l'année même. On commence par les pruniers, puis par les pêchers sur prunier. On continue sur les cerisiers vers la fin de juillet, sur les poiriers et les pommiers dans le courant d'août, et l'on termine en septembre, dans les contrées où l'on greffe le pêcher sur amandier.

La greffe en écusson s'emploie ordinairement sur des arbres qui n'ont jamais plus de quatre ou cinq ans, à 10 centimètres au-dessus du sol dans les pépinières, et à deux mètres sur les arbres en place, qui doivent avoir au moins deux années de plantation.

La forme du ⊥ renversé vaut mieux que celle du T droit, attendu que la séve et l'eau des pluies coulent sur les écorces et ne pénètrent point dessous.

De la greffe en sifflet. — Quand la séve est en pleine vigueur, vous voyez les enfants prendre des rameaux de saule et de peuplier, faire des incisions autour, détacher l'écorce de l'aubier et en former des sifflets en manière de clef forée. Eh bien, rien n'empêche de prendre deux rameaux de la même grosseur, d'enlever à chacun un anneau d'écorce de la même longueur et de mettre cet anneau-ci au lieu et place de cet anneau-là. C'est à peu près comme si l'on enlevait une bague d'un doigt de la main droite pour y engager un doigt de la main gauche. Voilà en deux mots la greffe en sifflet que l'on pratique, au moment de la séve, sur le noyer, le cerisier, le châtaignier, le mûrier et le figuier. Souvent, au lieu d'enlever l'anneau d'écorce du sujet, on le fend sur place en petites lanières que l'on rabat d'abord et que l'on relève ensuite pour recouvrir l'anneau de la greffe qu'on ligature sur les petites lanières en question. Cet anneau doit porter un œil au moins, qui se développe au bout de huit à dix jours.

Quand on ne taille point l'écorce en lanière, quand on l'enlève complétement, il faut avoir soin de laisser le bois du sujet dépasser d'un centimètre l'écorce de la greffe et de l'écraser sur les bords pour que l'écorce en question, chassée par la séve, ne puisse remonter.

De la greffe des boutons à fruit. — Cette greffe s'exécute vers le milieu du mois d'août. Vous avez un arbre chargé de boutons à fruit, vous en avez un autre qui n'en porte point; vous prenez par conséquent à qui possède pour donner à qui ne possède pas. Vous détachez les boutons et procédez comme pour la greffe en écusson ou pour la greffe en couronne sur le côté. Vous laissez un peu de bois à l'écusson, vous supprimez les feuilles qu'il porte et ne conservez que le pétiole de ces feuilles, c'est-à-dire la queue. Vous ligaturez, sans même prendre la peine d'ajouter de la cire, et l'opération est faite.

Par ce moyen, vous pouvez mettre à fruit un sauvageon et renouveler les fruits d'un arbre. L'année même de la greffe ou, au plus tard, l'année suivante, la fructification a lieu.

Du marcottage. — On ne multiplie pas seulement les arbres avec des graines et des greffes, on les multiplie quelquefois aussi avec des marcottes et des boutures. On marcotte la vigne, le noisetier, le groseillier, le mûrier noir, le figuier; on peut marcotter le cognassier, le pommier paradis et le doucin. Cette opération consiste tout simplement à creuser une fossette ou rigole près de la jeune tige que l'on veut marcotter, à coucher dedans cette jeune tige et à la recouvrir de terre, ne laissant à découvert que les deux ou trois yeux de son extrémité. Elle ne tarde pas à s'enraciner dans la fossette. C'est ce que les vignerons appellent le provignage.

Des boutures. — Les groseilliers, les mûriers blanc et multicaule, ainsi que la vigne, se multiplient facilement de boutures. Vous prenez une de leurs branches, vous taillez son extrémité inférieure en biseau allongé, au-dessous d'un œil, vous l'enterrez de manière que les trois ou quatre yeux du bas soient couverts, vous taillez hors de terre, au-dessus du deuxième œil, et l'opération est terminée. C'est en mars, avril et mai, avant et pendant l'ascension de la séve, que l'on plante les boutures.

IX

LES ARBRES DE VERGERS.

— Ce que je vous ai dit, jusqu'à cette heure, poursuivit M. Mathieu, s'applique à certains égards à tous les arbres, mais surtout aux arbres assujettis à une taille régulière. Ceux-ci pourtant ne sont pas les seuls dignes de notre attention et de nos soins. A côté des arbres de luxe, auxquels nous tenons à faire porter de gros fruits par le moyen de la taille, c'est-à-dire du reflux de la séve, et quelquefois aux dépens de la qualité, il y en a de modestes, dont on se préoccupe moins, qui poussent à la grâce de Dieu, sans contrainte, les rameaux au vent, libres comme des sauvageons. C'est ce que nous appelons les arbres à plein vent, les arbres de vergers. Leurs fruits sont moins gros, moins beaux, séduisent moins l'œil des gourmands, produisent moins d'effet sur les tables que ceux des arbres soumis invariablement à la taille et au palissage; mais ce n'est point une raison pour les dédaigner. Beaucoup dans le nombre ont de précieuses qualités, et si leurs productions ne se recommandent pas toujours par la mine, elles se recommandent souvent par leur saveur délicate ou par les services qu'elles rendent.

Si les pommiers, soumis à la taille et aux caprices du jardinier, donnent des produits de toute beauté qui font merveille dans un dessert, il faut reconnaître pourtant que la qualité de ces produits est souvent sacrifiée. Les arbres à plein vent donnent d'habitude les pommes les plus savoureuses et les plus parfumées. Il ne faut donc point les négliger. Et ne sont-ce pas aussi les *plein-vent* qui fournissent les pommes à cidre à des populations considérables?

Est-ce que l'abricotier, libre dans son développement, ne donne pas des fruits succulents, tandis que l'abricotier d'espalier n'en donne que d'insipides. Ceux-ci ont beaucoup d'apparence et ne valent rien, tandis que les autres sont moins gros et flattent le palais.

Est-ce que les belles pêches de vignes, qui poussent en plein vent, ne sont pas plus savoureuses que certaines pêches d'espalier bien vantées et vendues à des prix fous?

Est-ce que les prunes et les cerises, venues sur des arbres à plein vent, ne valent pas mieux, quoique moins grosses, que les prunes et les cerises provenant d'arbres taillés et palissés?

C'est pour cela que nous accordons une grande importance aux vergers dans tous les pays, et principalement en nous rapprochant du Nord, car sous les climats brumeux, humides et un peu froids, la séve est si abondante et si fougueuse qu'il y a souvent danger à multiplier les plaies sur les arbres. C'est ce que nous prouverons au chapitre des maladies.

Ce que je vous ai dit, en commençant, de la

plantation des arbres en général, s'applique en particulier aux arbres de haut jet. Seulement, comme ils prennent plus de développement que les pyramides, il est évident qu'il faut les éloigner davantage les uns des autres. On fera donc bien de les distancer d'une vingtaine de mètres dans les terrains riches, et d'une quinzaine au moins dans les terrains ordinaires.

Les arbres d'un verger n'exigent ni autant de soins, ni autant de surveillance que les arbres d'un jardin, par la raison toute simple que les premiers sont libres, tandis que les seconds cherchent à le devenir. Il y a satisfaction d'un côté; il y a gêne de l'autre. Mais ce n'est point une raison pour abandonner trop à eux-mêmes ces arbres de verger. Il n'en coûte guère de les visiter une fois tous les huit jours ou seulement toutes les quinzaines.

Aussitôt après leur plantation, donnez à chacun d'eux un tuteur solide, avec des coussins de paille ou de mousse pour prévenir le froissement des écorces.

Une fois la reprise de l'arbre assurée, ne laissez ni drageons se développer en terre, ni pousses partir de la tige. Ce que ces pousses et ces drageons mangeraient de séve serait autant de perdu pour les branches qui ne tarderaient pas à languir. Or, quand les branches se portent mal, les racines ne se portent pas bien. Toutes les fois que des petits bourgeons se développent sur la tige d'un arbre, il y a cent à parier contre un que la séve est gênée dans ses mouvements par l'écorce, et que, ne pouvant arriver à destination, elle se crée des issues de loin en loin. C'est ce qui se voit quand un arbre meurt par la tête; la séve qui monte des racines développe, durant son trajet toutes sortes de bourgeons inutiles et de chétive apparence. Dans ce cas, facilitez autant que possible la montée de cette séve, en faisant deux ou trois incisions à l'écorce sur toute la longueur de la tige. Aussitôt l'étranglement cesse, la séve circule, monte, descend, accomplit ses fonctions à l'aise et ne s'épuise plus en produits avortés.

Ne permettez jamais à l'herbe de pousser dru au pied de vos arbres, de manière à former gazon; remuez de temps en temps la terre avec une fourche de fer à trois dents, en ayant soin de ne pas attaquer les racines, et vous vous en trouverez bien.

Au bout de six ou sept ans, si vos arbres ont trop de vigueur et ne semblent pas disposés à se mettre à fruit, courbez plusieurs branches en automne au moyen de ficelles, afin de contrarier le mouvement de la séve, et il se formera des boutons à fruits au printemps.

Si, au contraire, vos jeunes arbres se couvraient de fleurs en trop grande quantité, ce serait une marque de dépérissement. Il faudrait, dans ce cas, enlever une partie de ces fleurs, inciser l'écorce des branches dans le sens de leur longueur, donner de l'engrais et arroser pour relancer la végétation.

Quand vos arbres seront en plein rapport, vous dégagerez l'intérieur de telle sorte que l'air et le soleil y pénètrent facilement, vous enlèverez avec soin les rameaux morts et les chicots; vous supprimerez les rameaux gourmands qui pourraient prendre naissance aux coudes que forment certaines branches et ferez des incisions longitudinales sur ces parties coudées, afin que la séve ne s'y arrête plus et continue sa route. Vous n'oublierez pas non plus, par un temps humide, de nettoyer les mousses et les lichens avec une brosse longue et dure.

Quand vos arbres se feront vieux et présenteront une écorce rugueuse, dure, crevassée, vous enlèverez une partie de cette écorce avec une racloire en fer, au printemps, puis vous laverez le tronc, ainsi rajeuni, avec de l'eau de chaux.

Quand vos arbres auront atteint l'âge où les fruits commencent à dégénérer, à se fendiller, à devenir graveleux et perdent beaucoup de leur valeur, vous rapprocherez les branches, autrement dit, vous les scierez et les grefferez en couronne.

Quand enfin vos arbres seront complétement épuisés, vous les arracherez, vous enlèverez sur une étendue de trois ou quatre mètres la terre usée qui les aura nourris ; vous la remplacerez par de la terre neuve et substituerez un jeune arbre au vieil arbre mort.

X

MALADIES DES ARBRES FRUITIERS.

Tout ce qui a vie en ce monde est exposé à souffrir d'une façon ou d'une autre. Les arbres ne sont pas plus épargnés que les gens. Ceux-ci en meurent, ceux-là en reviennent, selon que les remèdes tuent le mal où que le mal se moque des remèdes. Au nombre des maladies qui attaquent principalement les poiriers et les pommiers, je vous citerai la *chlorose*, l'*hydropisie*, la *carie* du bois et les *chancres*. Parmi celles qui attaquent surtout les arbres à fruits à noyaux, tels que le pêcher, l'abricotier, etc., je vous citerai la *gomme*, la *cloque*, l'*oïdium tuckeri* et le *blanc* que l'on appelle aussi *meunier* ou *lèpre*. Un mot à présent sur chacune de ces maladies :

Chlorose. — Cette maladie atteint un grand nombre de végétaux, mais on l'observe plus souvent sur les poiriers qu'ailleurs. Les feuilles des arbres attaqués perdent peu à peu leur couleur verte, jaunissent et pâlissent, sans pour cela se flétrir et cesser d'être transparentes. Elles vivent, mais elles vivent avec les pâles couleurs. La cause de cette maladie n'est autre que l'appauvrissement de la séve, de même que la cause de cette même maladie chez les personnes n'est autre que l'appauvrissement du sang. Que recommande-t-on aux personnes chlorotiques? les eaux ferrugineuses, les eaux de rouille et une nourriture forte. Que recommandons-nous pour les arbres chlorotiques? absolument le même régime. C'est M. Eusèbe Gris, ancien pharmacien à Châtillon-sur-Seine (France), qui a découvert les heureux effets du sulfate de fer ou couperose verte sur les feuilles pâles des végétaux. On fait dissoudre au plus deux grammes de ce sel par litre d'eau, et le soir on arrose les arbres malades et on les arrose de la tête au pied. Le premier arrosement ne suffit pas; il en faut un second huit jours après; et au bout de trois semaines ou d'un mois, les pâles couleurs ont disparu. Nous sommes persuadés qu'avec de l'eau de rouille, c'est-à-dire dans laquelle on aurait agité de la vieille ferraille, on obtiendrait les mêmes résultats qu'avec le sulfate de fer. Ne sait-on pas que les eaux et les boues des *patouillets* qui servent au lavage des minerais de fer, raniment merveilleusement la végétation des plantes fatiguées et leur donnent une belle couleur verte? — En même temps que vous arroserez les arbres malades, versez au pied de chacun d'eux un litre d'eau de fumier qui ne soit pas trop forte et dans laquelle vous aurez agité une poignée de suie et une poignée de cendres de bois. Si, après cela, vos arbres ne reprenaient point vigueur, c'est que la cause de la maladie ne serait pas dans l'appauvrissement de la séve. Dans ce cas, vous n'auriez qu'à déchausser avec précaution le pied des arbres et vous trouveriez les grosses larves blanches du hanneton mangeant les racines.

Hydropisie. — Il y a des arbres, dont les feuilles vertes perdent peu à peu leur transparence, se fanent sans jaunir et se détachent des rameaux avant que l'heure de leur chute naturelle soit venue. On a comparé à tort, mais enfin on a comparé cette maladie à l'hydropisie, parce que l'eau qui noie les racines de ces arbres est la cause du mal. Il s'agit ici, comme en toutes choses, de détruire la cause pour empêcher les effets. Donc, dans le voisinage des arbres hydropiques et à une distance convenable des racines, vous ouvrirez de profondes tranchées d'assainissement, et après cela, vous labourerez le sol avec une fourche de fer ou une houe dans toute l'étendue ombragée par les branches des arbres en traitement. Ce labour achevé, vous répandrez sur toute la terre remuée un mélange de boues calcaires de route, de cendres de houille, de cendres de bois, de suie, de chaux fusée, le tout arrosé d'eau de fumier, d'eau de lessive et d'eau de savon.

Carie du bois. — La carie qui désorganise la partie la plus dure de l'intérieur des arbres ne contrarie point d'abord la circulation de la sève qui monte par les vaisseaux de l'aubier et descend entre l'aubier et le liber, c'est-à-dire entre le bois le plus tendre et la partie verte qui touche à l'écorce; mais il arrive un moment où cette carie se fait jour au dehors par quelque fente ou par quelque trou, et alors la souffrance commence pour les arbres fruitiers. Leur végétation devient moins vigoureuse, et, en même temps que la production des fruits augmente, ces fruits perdent en volume et en qualité. Si l'on tenait à conserver encore dans cet état de maladie les vieux arbres en question, on ferait bien de boucher avec soin les trous ouverts par la carie. On appliquerait sur ces ouvertures, par une belle journée d'été, un mortier de terre glaise, de petits cailloux et de paille hachée. Lorsque ce mortier serait bien sec, on l'enduirait d'une couche épaisse de goudron.

Chancres. — De toutes les maladies qui frappent les poiriers et les pommiers, le chancre est

Fig. 13.

sans contredit la plus terrible. Ce n'est point dans les pays chauds qu'elle exerce ses ravages, c'est principalement dans les pays qui se rapprochent du Nord. A ce titre, la Belgique, et dans la Belgique, la province de Luxembourg surtout, est fort maltraitée. Ici, l'hiver est rude, la séve dort de longs mois durant; le proverbe wallon dit : *qu'il n'y a si bai mois d'avri qui gn'ya dol nivè plein nos cortils* (il n'y a si beau mois d'avril qu'il n'y ait de la neige dans nos jardins); mais une fois cette neige fondue, la séve s'éveille avec une force incroyable, la végétation se produit avec une sorte de fougue qui a peu d'inconvénients pour les arbres de haut jet, mais qui en a beaucoup pour les arbres soumis à la taille. Toutes les fois qu'un arbre pousse en liberté, la séve trouve de l'espace à parcourir, et de nombreuses issues. Ce n'est que lorsque l'arbre est déjà vieux et l'écorce raboteuse et cassante, que les vaisseaux séveux peuvent être étranglés par la pression de l'écorce. Alors la séve s'arrête, s'amasse sur un point, en un mot, il y a engorgement et l'écorce finit par se rompre. La séve, en contact avec l'air, entre en fermentation, la pourriture commence et le chancre se déclare. Mais dans ce cas, soyez sûr qu'il n'y a point de bourgeon vigoureux dans le voisinage de la plaie. Sur les arbres soumis à la taille, les chancres deviennent très-communs. La séve n'ayant plus assez d'espace pour se mouvoir, s'emporte, se tourmente, se heurte et cherche des issues nouvelles. Coupez une jambe ou un bras à un individu sanguin, il y a gros à parier qu'il finira par un coup de sang. Il en est de même pour un arbre vigoureux que vous amputez de quelques branches ou de quelques rameaux. Si vous n'ouvrez pas à la séve, qui est le sang de cet arbre, des issues en remplacement de celles que vous supprimez, l'arbre en question courra des dangers. Et, en effet, la séve se précipite vers les parties coupées, pour cicatriser les blessures; mais comme elle n'est pas toute employée à cette opération, l'excédant qui se trouve refoulé cherche des yeux pour en faire des rameaux. S'il s'en développe, tout va bien, mais s'il ne s'en développe pas, la séve inutilisée fermente sur place et les chancres se déclarent. Or, il arrive très-souvent que les yeux qui pourraient s'ouvrir dans les circonstances ordinaires ne s'ouvrent pas à la suite d'une amputation, anéantis qu'ils sont par un reflux de séve. Ce fait n'est point contestable. Vous savez aussi bien que moi pratiquer la greffe en couronne sur une grosse branche. Vous n'avez besoin que d'une greffe, et cependant vous en placez trois ou quatre autour de la branche. Pourquoi cela? parce que la sève du sujet arrivant en grande quantité, ne trouverait pas une issue suffisante dans une seule greffe et la ferait mourir d'indigestion. C'est bien différent avec trois ou quatre greffes qui font l'effet de trois ou quatre pompes aspirantes et se partagent la sève du sujet. Toutes reprennent ou à peu près toutes, puis au bout d'un an, dix-huit mois et deux ans, vous enlevez une à une les greffes dont vous n'avez pas besoin et gardez la plus vigoureuse. C'est incontestablement l'excès de sève qui amène les chancres.

Toutes les fois que cette sève trouve des issues, les chancres ne sont pas à craindre; toutes les fois qu'elle n'en trouve pas, les chancres apparaissent.

Taillez une branche ou un rameau dans le voisinage de deux ou trois yeux à bois bien conformés; les yeux s'ouvriront, deux ou trois rameaux se développeront en même temps et mangeront assez de sève pour que les chancres ne soient pas à craindre.

Taillez au contraire une branche ou un rameau loin des boutons à bois et sans vous demander par où s'en ira l'excès de la sève amenée par l'amputation, et les chancres se déclareront sans faute.

M. Dubreuil ne nous dit-il pas aussi en parlant des pépinières pour les pommiers à cidre : — « Si la pépinière est assise sur un sol compacte, humide, où la végétation est très-vigoureuse, il arrive souvent, lorsqu'on vient à supprimer la tête des arbres pour les greffer, que leur tige se couvre de chancres qui les rendent languissants et parfois même les font périr. »

Ne sait-on pas enfin, en Belgique, que les jardiniers incisent quelquefois l'écorce de leurs jeunes arbres de bas en haut et en deux ou trois places, afin de faire grossir les tiges, et que les arbres ainsi incisés, sont précisément ceux que les chancres atteignent le moins?

Eh bien! est-ce qu'il ne résulte point de tout ceci que l'excès de séve est la seule cause de la maladie dont nous parlons? Or, la cause étant connue, l'effet est-il donc si difficile à éviter?

Que faites-vous quand vous craignez un coup de sang chez un individu amputé d'un bras ou d'une jambe? Vous lui faites une saignée et lui recommandez la sobriété.

Partant, que devez-vous faire quand vous craignez ce que j'appellerai un coup de séve? Vous devez autant que possible, si l'arbre est d'une vigueur excessive, le saigner à la tige, au moyen d'une vrille et engager dans le trou un tuyau de plume ou tout autre conduit par où coulera une certaine quantité de séve pendant la saison du printemps. Si l'arbre n'a qu'une vigueur ordinaire, deux ou trois incisions longitudinales rempliront le même but. Avec ces précautions, il est évident que les yeux voisins des amputations pourront se développer et fournir à la séve de nouvelles routes. Et par conséquent plus de chancres à craindre. L'eau qui circule ne croupit point; la séve qui circule ne pourrit point.

Ce sont là, j'en conviens, des moyens violents et contraires aux vues de la nature. Ces moyens doivent nécessairement, j'en conviens aussi, abréger de beaucoup la durée des arbres, mais qu'y faire? Dans le Nord, comme dans le Midi, on veut des arbres en pyramides et des petits espaliers, sans tenir compte des difficultés qui existent d'un côté et qui n'existent pas de l'autre. On veut la fin, sans s'occuper du mérite des moyens. Je vous les indique donc tout bonnement et me garde bien de vous en faire l'éloge.

Mon opinion est que le climat de la Belgique, plutôt que son sol, est contraire aux arbres qui exigent une taille multipliée; et par cela même contraire aux pyramides et aux petits espaliers à la française. Ce qu'il faut à la partie froide de la Belgique, ce sont les arbres à plein vent et les arbres de haut jet que l'on palisse en arceaux contre des pignons ou des murs très-élevés. La courbure des rameaux a le double mérite de dispenser des tailles courtes, qui agitent trop la séve, et d'en ralentir la circulation. Nous pourrions cependant, à la rigueur, établir une exception en faveur de la forme en pyramide Fanon, dont les branches et les rameaux courbés imitent assez le saule pleureur. Par cela même qu'il y a courbure, il y a ralentissement dans l'acte de la végétation, modération dans le mouvement de la séve, et l'arbre devient facile à manier sans qu'il soit besoin de l'amputer à tout propos.

M. De Bavay, l'habile arboriculteur de Vilvorde, ne veut pas entendre parler de cette forme de pyramide en parasol, qu'il trouve disgracieuse. En effet, c'est une forme bizarre qui ne satisfait pas l'œil de l'observateur, mais la pratique ne l'en maintient pas moins sur un grand nombre de points de la Belgique et dans des jardins fort bien tenus. Il est probable qu'avant d'en venir à l'arqûre des rameaux, on a essayé de la pyramide régulière, et que l'on trouvé à la pyramide en parasol des avantages que l'autre n'offre pas. Je n'ai fait d'expériences en Belgique ni sur l'une ni sur l'autre forme, mais le bon sens me dit qu'avec des rameaux recourbés, l'appel de séve est moins fort, la végétation moins impétueuse, plus docile sous la main du jardinier, la taille plus facile et la mise à fruit mieux assurée. Avec la pyramide ordinaire, il est difficile de se rendre complétement maître de l'arbre, à moins cependant qu'il ne soit planté dans un maigre terrain et que le jeûne le mette à la raison. Dans le cas contraire, voici ce qui doit se passer : — Si vous taillez court, la séve afflue avec impétuosité, paralyse souvent les boutons à bois au lieu de les développer et détermine des chancres. Si vous taillez très-long, vous ne tardez pas à compromettre l'élégance de la forme et à perdre un des avantages de la pyramide, qui consiste à réunir un grand nombre de pieds sur une surface resserrée. Et puis, dans le cours de la végétation printanière, la conduite d'une pyramide régulière en Belgique doit exiger des soins assidus, une main-d'œuvre très-coûteuse, car les pousses sont si rapides que les suppressions et les pincements doivent demander beaucoup de travail. Autrement, on ne serait pas longtemps maître de l'arbre qui tend toujours à reprendre sa forme naturelle, c'est-à-dire à devenir arbre de haut jet ou à plein vent, ce qui est la même chose.

Mais laissons là cette longue digression et revenons à la maladie qui nous occupe, pour en dire un dernier mot. Quand un chancre commence à se former, il ne faut pas lui laisser le temps de s'étendre tout autour de la branche. On le traite au début de la manière suivante : — Avec un instrument bien tranchant, on enlève jusqu'au vif toute la partie malade et on recouvre la plaie soit avec de la cire à greffer, soit avec de l'onguent de saint Fiacre.

Gomme. — La gomme est aux arbres à fruits à noyaux, ce que le chancre est aux arbres à fruits à pepins. C'est de la sève qui s'altère et s'épaissit au contact de l'air. Une terre trop fertile, une fumure trop forte, un durcissement de l'écorce, une taille trop courte, un brusque changement de température, le frottement d'une branche contre une autre, déterminent la production de la gomme sur les pêchers, les abricotiers, les pruniers et les cerisiers. Cette maladie est beaucoup plus dangereuse sur les espaliers et les pyramides que sur les arbres à plein vent. Lorsque la gomme se forme, on doit l'enlever de suite avec la serpette, nettoyer parfaitement la plaie, même jusqu'au vif, frotter cette plaie avec des feuilles d'oseille et la recouvrir ensuite de cire à greffer. Si le mal n'est qu'accidentel, la gomme ne reparaîtra plus ; mais si, au contraire, le mal est profond, invétéré, elle suintera de nouveau et il faudra désespérer de l'arbre.

Cloque. — Cette maladie est particulière au pêcher ; ses jeunes feuilles se recoquillent, se tordent, se boursouflent, pâlissent, jaunissent ou rougissent et tombent. On attribue cela à des variations brusques de température, et l'expérience prouve que les arbres protégés par de larges chaperons courent moins de dangers que les autres. Lorsque le mal existe, on doit enlever les feuilles attaquées, une à une, et en laissant la queue.

Rouge. — On appelle le *rouge* une multitude de petits champignons de cette couleur qui pointillent les branches ou les rameaux de certains pêchers. On ne connaît point de remède à cette maladie, et tout arbre qui en est atteint, est un arbre condamné. On ferait peut-être bien de brosser vigoureusement la partie malade avec une brosse trempée dans du vinaigre.

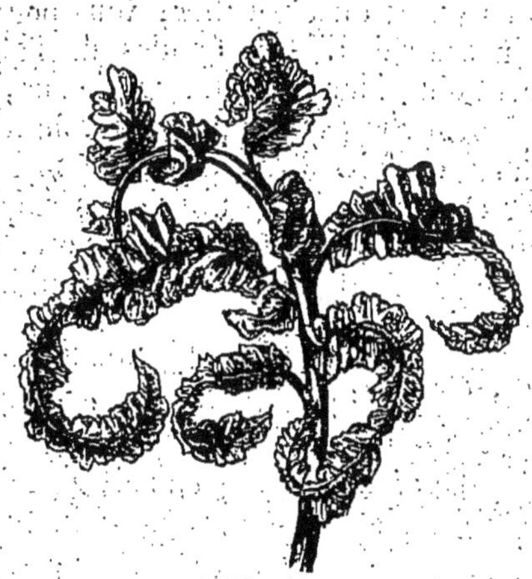

Fig. 14.

Blanc, meunier ou *lèpre.* — Voici encore une maladie qui attaque les jeunes rameaux, les feuilles, les fruits et quelquefois les mères branches du pêcher, vers les mois de juillet et d'août. On la reconnaît à l'aspect farineux d'où lui vient son nom. Est-ce ou n'est-ce pas un champignon? Ceux-ci répondent oui, ceux-là non. Toujours est-il que les arbres atteints de cette maladie donnent des pêches d'une saveur désagréable. Pour en arrêter le développement, M. Lepère, de Montreuil, et M. Hardy, du jardin du Luxembourg, recommandent d'arroser les bourgeons malades tous les soirs, après le coucher du soleil, et au moyen d'une pompe à jet continu.

Oïdium Tuckeri.—Nous terminerons cette leçon

sur les maladies des arbres fruitiers, en signalant un exemple de contagion. Toutes les fois que dans le voisinage d'une treille malade de l'*oïdium Tuckeri*, vous aurez un abricotier, vous pourrez redouter la contagion. Les feuilles de l'abricotier deviennent d'un blanc grisâtre en dessus, comme si elles étaient chargées de poussière. Je me borne à constater ce fait. Les progrès du mal sont-ils rapides ? Quelle est la nature de ses effets sur le bois, sur les fruits ? C'est ce que j'ignore. Les circonstances ne m'ont pas permis de continuer mes observations.

Un des plus habiles et des plus intelligents pomologistes de la Belgique, M. Royer, conseiller provincial à Namur, nous écrit ce qui suit : — « A propos de l'*oïdium*, le moyen suivant m'a donné un succès complet sur toute une treille composée de diverses variétés de chasselas et de frankenthal. Peu de jours après l'apparition de la maladie, j'ai fait dissoudre du carbonate de soude ou cristaux de soude du commerce, à raison de 1 kilog. pour 100 litres d'eau, et avec cette dissolution, j'ai seringué mes vignes avec force, au moyen d'une pompe de fenêtre. Une seule de ces lotions alcalines a suffi. Le parasite a disparu et le raisin a mûri et grossi d'une manière normale. Sur d'autres treilles des mêmes variétés, aussi à l'exposition du midi dans un jardin, tout a été perdu, parce que je les avais négligées à dessein, afin de confirmer l'expérience par la comparaison. »

XI

DU MAL QUE FONT AUX ARBRES LES ANIMAUX DE TOUTES SORTES ET LA GELÉE.

Parlons, à présent, des ravages, des dégâts causés par les animaux, etc. En première ligne, je vous signalerai les lapins et les lièvres qui, dans les temps de neige, alors qu'ils ressentent vivement les tortures de la faim, envahissent les jardins et rongent l'écorce et les rameaux des jeunes arbres. M. Dubreuil recommande de délayer dans cinq litres d'eau, un kilogramme de chaux vive et quelques poignées de suie, puis, en novembre, de badigeonner avec ce mélange les tiges et les rameaux des arbres à la hauteur d'un mètre. On peut aussi les entourer d'épines.

Les rats, les loirs, les souris, les mulots ne se font pas faute de manger les fruits et de ronger aussi les rameaux des arbres en hiver. Ce sont donc autant d'ennemis à détruire. On y parvient de plusieurs manières. Les uns enterrent, à proximité des arbres, des vases vernis en dedans et à moitié remplis d'eau ; les autres suspendent contre les murs d'espaliers, avant la maturité des fruits, un certain nombre de petits pots, dans lesquels on a placé des appâts empoisonnés avec de la noix vomique ; certains cultivateurs enfin emploient les souricières et les pièges, désignés vulgairement sous le nom de *fers*.

Les taupes sont également nuisibles aux arbres, en ce qu'elles pratiquent des voies souterraines parmi les racines. On a essayé de les chasser des jardins en enfonçant des jeunes tiges de sureau dans les taupinières ou en semant dans ces jardins des graines de ricin (*palma christi*). Je ne sache pas que l'odeur pénétrante du sureau soit bien efficace pour éloigner ces animaux ; mais j'ai confiance dans le ricin, parce que j'ai été témoin d'expériences couronnées de succès. Notez bien qu'il ne s'agit pas ici d'une découverte d'hier. Olivier de Serres, qui écrivait sous Henri IV, parle, je crois, de la chose, c'est-à-dire de l'influence du ricin, comme d'un bruit qui courait de son temps. Liger, qui fit un petit livre sur le jardinage dans la seconde moitié du siècle dernier, en parle aussi, mais sans paraître y attacher beaucoup d'importance. Le petit livre en question tomba un jour, de l'année 1845, entre les mains de M. Méline, jardinier en chef du jardin botanique de Dijon (France). Il le lut d'un bout à l'autre, en se disant que dans les ouvrages, même les plus mauvais, il peut se rencontrer d'aventure une bonne observation, une idée à saisir, une recette à appliquer. Et, en effet, il trouva dans Liger la recette. Il n'y crut point d'abord, mais il voulut en essayer, attendu que les taupes le chagrinaient tous les jours en soulevant de la terre entre ses nombreux pots de semis. Protégées ainsi par des centaines de petits pots, il n'y avait pas moyen de les guetter avec une houe sur l'épaule ou de leur tendre des piéges. Il essaya donc du ricin comme les malades, abandonnés des médecins diplômés, essayent des petits paquets des charlatans de la place, c'est-à-dire en désespoir de cause. Il planta des graines aux quatre coins de ses rangées de pots. Les graines levèrent, les plants de ricin devinrent fort beaux et, ce qui mieux est, les taupes délogèrent. Pourquoi délogèrent-elles? Je n'en sais rien; j'établis un fait, je le garantis vrai; je ne l'explique point.

A l'appui de ce fait, permettez-moi de vous en citer un second. Le résultat obtenu par M. Méline me parut si important que je voulus en ménager la surprise à un de mes jeunes compatriotes, qui me semblait passionné pour l'horticulture. Je l'invitai à m'accompagner au jardin botanique et lui dis : — Je veux vous montrer une plante qui a la singulière propriété d'éloigner les taupes des jardins. — Depuis deux ans, me répondit-il, nous n'en voyons plus dans le nôtre. Autrefois, elles le ravageaient.

Dès que je lui eus montré les plants de ricin, il me fit observer qu'il s'expliquait l'absence des taupes de son jardin, attendu que depuis deux années, on l'y cultivait comme plante d'agrément.

Je fis l'essai de mon côté et réussis pleinement. Ce fut alors que je donnai à ces expériences la plus grande publicité possible, publicité par les revues spéciales, les journaux et les almanachs. Aujourd'hui encore, je n'hésite pas à l'étendre, bien qu'il ait été constaté exceptionnellement que le ricin ne réussissait pas toujours.

Après les bêtes à quatre pattes, viennent les insectes et leurs larves qui, eux aussi, maltraitent fort les arbres fruitiers.

La larve du hanneton, connue en Normandie sous le nom de *man* et ailleurs sous celui de *ver blanc* et de *cottereau*, ronge avec avidité les racines des arbres et détermine chez ceux-ci des maladies de langueur qui finissent par la mort, si l'on n'y prend garde à temps. Il y a un moyen bien simple de s'en débarrasser. Il consiste à déchausser l'arbre et à écraser la larve que l'on rencontre à un pouce ou deux seulement de la surface du sol. Un second moyen plus simple encore et préférable au premier, puisqu'il prévient le mal et ne met pas le cultivateur dans la nécessité de fouiller sous les racines de ses jeunes arbres, consiste en ceci : — Vers le mois de juillet, semez des laitues à la volée dans vos plates-bandes. Une fois ces laitues en pleine végétation, les larves des hannetons ne manqueront pas d'aller couper leurs racines, dont elles raffolent. Or, toutes les fois que vous verrez un pied de laitue se faner, vous l'enlèverez avec la larve qui vivait de sa racine. Semer de la laitue dans le voisinage des arbres à fruits, c'est donc faire la part des larves du hanneton. Tandis qu'elles tuent la plante, elles ne tuent pas l'arbre.

Le tigre (*tingis*) attaque les poiriers, les pommiers et les pêchers. Il les attaque d'abord au printemps, sous forme de larves collées à l'écorce des jeunes rameaux. On dirait du son de froment attaché à l'écorce en question, qu'elles sucent au préjudice de l'arbre. Plus tard, vers juin ou juillet, les larves du tigre se métamorphosent en insectes qui ressemblent à de toutes petites punaises grises ayant des ailes. Ces insectes s'attachent au-dessous des feuilles, en mangent la partie verte et ne laissent que le filet des nervures. On recommande d'employer pour les détruire une bouillie de chaux vive, de savon noir et d'eau de lessive. Quand les feuilles sont tombées, on applique cette bouillie avec une brosse sur les écorces attaquées. Certains cultivateurs se servent tout bonnement de grosse huile à brûler et s'en trouvent bien.

Les charançons ou *lisettes* (*curculio*) attaquent au printemps le sommet des jeunes bourgeons et déroutent ainsi toutes les combinaisons de la taille. Il faut visiter souvent ses arbres, guetter les charançons et les détruire un à un. Le moyen est peu efficace sans doute, mais à défaut d'un meilleur, on doit s'en contenter.

Les chenilles, les vers ne ménagent pas non plus les jeunes feuilles de l'extrémité des rameaux. Toutes les fois donc que vous verrez ces feuilles roulées en cornets, enlevez-les et donnez-leur un coup de talon.

Les perce-oreilles (*forficula auricularia*) mangent volontiers non-seulement les jeunes bourgeons, mais aussi les fruits. Tous les jardiniers, et M. Dubreuil entre autres, recommandent de placer contre les murs d'espaliers, des bottes de rameaux feuillés, des tiges creuses de dahlias et des roseaux. Les perce-oreilles s'y logent pendant la nuit et le lendemain de grand matin, il suffit de secouer les bottes de refuge dans un vase où il y a de l'eau pour détruire un grand nombre de ces insectes.

Les guêpes et les frelons attaquent les fruits mûrs. Il importe donc de leur tendre le piége que voici : — on suspend aux arbres ou contre les murs un certain nombre de fioles à médecine, à moitié pleines d'eau miellée. Ces insectes entrent dans les fioles et n'en sortent plus.

Au tour des fourmis, maintenant. Ces insectes

sont moins inoffensifs qu'on ne le suppose généralement. Non-seulement, ils contrarient la végétation des arbres en établissant leurs magasins au milieu de leurs racines, mais ils en attaquent encore les bourgeons et les fruits. Il s'agit par conséquent de leur faire une chasse active. Il y a divers moyens, soit de détruire, soit d'éloigner les fourmis. On peut d'abord, et ceci se pratique dans certaines localités, mettre dans un sac de treillis une provision de grosses fourmis des bois et les jeter sur la fourmilière du jardin. Les grosses fourmis dévorent les petites et s'en vont ensuite. On peut aussi mettre un tas de chaux vive sur la fourmilière et y verser de l'eau; on peut encore employer l'eau bouillante; on peut enfin se servir des fioles d'eau miellée qui réussissent pour les fourmis comme pour les guêpes et les frelons. Ces moyens de destruction ne sont pas tous praticables dans certains cas. Ainsi, par exemple, il serait dangereux de se servir de la chaux vive et de l'eau bouillante, lorsque les fourmis sont au pied d'un arbre; on brûlerait ou l'on échauderait les racines de cet arbre. D'autre part, il n'est pas toujours commode de se procurer des grosses fourmis des bois, alors surtout que l'on est éloigné des forêts de plusieurs lieux; enfin, le procédé des fioles d'eau miellée n'est pas d'une efficacité assez rapide. Voilà pourquoi je vous recommande les procédés suivants qui, s'ils ne détruisent pas complétement une fourmilière, ont le mérite cependant d'éloigner les fourmis d'un jardin : 1° versez sur la fourmilière un litre de cendres vives de bois et arrosez ces cendres avec deux ou trois litres d'eau chaude, non bouillante, ou avec de l'eau de savon; 2° procurez vous de l'huile empyreumatique animale, provenant de la distillation des os, et versez-en un demi-litre sur la fourmilière. Les insectes délogeront immanquablement et votre arbre ne souffrira point ; 3° saupoudrez la fourmilière de tabac à priser et arrosez avec un peu d'eau tiède ; 4° préparez une lessive avec du savon blanc, du savon noir et de la suie, et arrosez-en la fourmilière le soir, après le coucher du soleil. Les arbres n'auront pas non plus à en souffrir.

Fig. 15.

Un mot à cette heure sur deux autres insectes qui sont : le puceron lanigère et le kermès. Le puceron lanigère fait des ravages affreux sur le pommier principalement, dont il attaque l'écorce

Fig. 16.

et le bois, de manière à intercepter complétement la circulation de la séve et à former des exostoses ou renflements considérables. Pour reconnaître ce

Fig. 17.

Fig. 18.

puceron, il suffit de l'écraser avec le doigt. Il reste sur la peau une couleur d'acajou très-caractéristique. Au dire de M. Hardy, de Paris, on détruit assez vite cet insecte en frottant vivement la partie qu'il occupe avec une brosse imbibée d'essence de térébenthine. Malheureusement, ce procédé est d'une application difficile aux grands arbres. Certains cultivateurs du pays de Liége se plaignent de l'inefficacité de ce moyen. Je leur conseille de faire un essai avec une dissolution concentrée de sulfure de potassium. Peut-être réussiront-ils mieux qu'avec l'essence de térébenthine.

Le kermès est un insecte à peine visible, qui s'attache aux écorces et les ronge. On le détruit facilement avec le chaulage. On prépare un lait de chaux en délayant deux ou trois kilogrammes de chaux vive dans un seau d'eau. On peut y ajouter 500 grammes de savon noir; agitez le mélange et badigeonnez ensuite avec un pinceau toutes les parties de l'arbre attaquées par l'insecte en question. Si l'on en négligeait quelques-unes, toute la besogne deviendrait inutile et serait à recommencer.

Nous avons parlé de ces chenilles vertes, semblables à des vers, qui roulent les jeunes feuilles des arbres en cornet; mais nous n'avons rien dit encore de ces autres chenilles qui se réunissent en grand nombre, et surtout au point d'insertion des grosses branches sur la tige des arbres. Elles sont communes sur l'abricotier, le prunier, le poirier et le pommier. D'aucuns les détruisent à coups de fusil. Il suffit pour cela de verser dans le canon un quart de charge de poudre et de tirer cette poudre, non bourrée, à une distance de deux ou trois mètres. D'autres placent au bout d'une gaule des chiffons ou des étoupes trempés dans du soufre fondu, y mettent le feu et font une fumigation sous les chenilles. Il nous semble que l'on obtiendrait un bon résultat en trempant une éponge dans une forte dissolution de sulfure de potassium et en l'appliquant ensuite sur les insectes. C'est encore un essai à faire.

Nous dirons quelques mots des pucerons qui attaquent parfois les pêchers et en font recoquiller les feuilles au point de les rendre méconnaissables. Pour détruire ces pucerons, on commence par arroser légèrement l'arbre avec un arrosoir à pomme, puis on le masque avec un drap mouillé. Une fois ces dispositions prises, on place entre le drap et l'arbre un réchaud sur lequel on fait brûler du tabac à fumer, mouillé préalablement. Une bonne fumigation produit d'excellents effets. Au bout de vingt-quatre heures, on enlève le drap et avec de l'eau et une pompe portative, on arrose bien l'arbre, afin d'en détacher les pucerons morts.

Il nous semble que si, au lieu de se traîner dans les sentiers battus, quelques riches cultivateurs prenaient le temps et se donnaient la peine d'exprimer le jus d'un grand nombre de plantes à odeurs fortes, ils arriveraient vite à la découverte de moyens faciles pour chasser la plupart des insectes qui nuisent aux arbres fruitiers. En moins d'une année d'expériences, on aboutirait certainements à des résultats précieux. Quand ceux qui le voudraient ne le peuvent, pourquoi donc ceux qui le peuvent ne le veulent-ils pas?

Terminons par quelques mots sur les effets de la gelée. Lorsqu'un froid trop rigoureux attaque les jeunes pousses qui ne sont pas encore aoûtées, l'extrémité de ces pousses se désorganise, se gangrène et prend une couleur brune. On dit alors que les arbres sont atteints du *gelis*. Il n'y a dans ce cas, d'autre remède que la taille. Lorsque le froid attaque des parties bien aoûtées, c'est-à-dire le vrai bois, le mal, qui porte le nom de *gelivure,* n'est pas incurable. Empêchez seulement le soleil de réchauffer brusquement les parties gelées; arrosez d'abord les arbres malades avec de l'eau froide et ensuite couvrez-les avec des paillassons. S'il arrivait que, dans un voyage, des racines d'arbres fussent gelées, gardez-vous bien de les approcher du feu, placez-les dans un endroit frais, recouvrez-les de neige, si la chose est possible, pendant quelques jours, et ne les réchauffez que bien lentement, sans feu bien entendu, seulement en les changeant de milieu.

XII

DE LA CONSERVATION DES FRUITS ET DU PARTI QUE L'ON EN PEUT TIRER.

— A présent, poursuivit M. Mathieu, que je vous ai raconté tout au long la manière de planter, de greffer, de tailler les arbres, et que je vous ai dit aussi les moyens de s'y prendre pour empêcher les bêtes de faire du mal au bois et aux fruits, je vais vous dire un mot sur la conservation de ces fruits-là et sur les bonnes choses que l'on en peut préparer. Ceux qui ont écrit de gros livres là-dessus ne consultent pas assez la bourse du petit cultivateur. Ils nous donnent des plans de fruiterie pour six mille, huit mille, dix mille fruits. Nous leur répondons : — Mais, messieurs, nous n'avons ni des milliers de poires, ni des milliers de pommes à garder; nous n'en avons tout au plus que des centaines, et pourtant nous y tenons pour le moins autant que si nous en avions davantage. M. Dubreuil est, à ma connaissance, le seul qui ait eu le bon sens de s'adresser à tout le monde dans la circonstance. Voici la recette qu'il nous donne. Je ne me souviens pas tout à fait des mots, dont il s'est servi, mais voici la chose, et c'est tout un : — Vous voulez conserver des pommes ou des poires d'automne, bien entendu, puisque les autres ne se conservent pas; eh bien! prenez tout bonnement un tonneau, une barrique, une feuillette ou un quarteau, le tout en bois neuf et bien sec. Vous défoncez par un bout la futaille grosse ou petite, et l'asseyez ensuite sur le bout qui n'est pas défoncé. Vous comprenez, n'est-ce pas? c'est clair; des enfants comprendraient. C'est bien. Vous mettez, au fond, un lit de chaux éteinte ou un lit de poussière de charbon de bois sur deux ou trois pouces d'épaisseur; vous mêlez à ce lit de chaux ou de poussière de charbon un peu de couperose verte en poudre, plein le creux de la main tout au plus. Quand ce lit de chaux ou de charbon est fait, vous mettez dessus un lit de pommes ou de poires, la queue en haut, c'est-à-dire la tête en bas. Après cela, revient une nouvelle couche de chaux ou de charbon, au choix, toujours avec de la couperose verte, et de manière à ce qu'on ne voie plus ni les pommes, si ce sont des pommes, ni les poires, si ce sont des poires. Sur cette seconde couche, vous mettez de nouveau des fruits, mais la queue en bas cette fois, puis du charbon ou de la chaux, et après cela des fruits, et ainsi de suite jusqu'à ce que la futaille soit pleine. Vous fermez et serrez fort, de manière que l'air n'y entre point, et vous placez le tout dans un endroit qui ne soit ni exposé à la chaleur, ni exposé à la gelée, ni aux autres changements de température, comme qui dirait dans un coin du grenier.

Au printemps suivant, vous aurez ainsi des fruits en bon état. Si vous ne les consommez pas vous-mêmes, vous êtes libre de les vendre ou d'en faire cadeau. Mais comme les beaux fruits ne se vendent bien que dans les grandes villes, il faut nécessairement savoir les emballer. Vous prenez donc pour cela une caisse avec des charnières, afin de n'avoir ni à clouer ni à frapper à coups de marteau. Vous garnissez l'intérieur de la caisse avec du papier à sucre, du gros papier gris; vous mettez une couche de mousse bien sèche au fond, et sur cette couche un lit de fruits, en commençant par les plus gros et les plus fermes, et après les avoir enveloppés les uns après les autres avec du papier *joseph,* que vous achetez chez un libraire. Puis, vous bouchez bien les vides avec le même papier, et recommencez un lit de mousse, un lit de fruits, et ainsi de la même manière jusqu'à ce que la caisse soit pleine.

Quoique nous ne soyons pas partisan des fruitiers, parce qu'en général, pour être complets, ils nécessitent de grandes dépenses, nous dirons cependant qu'à la rigueur, on peut faire des fruitiers économiques. Il suffit pour cela que l'on puisse disposer dans la maison d'une pièce ni chaude, ni humide, où la température ne s'élève jamais à plus de cinq ou six degrés centigrades et ne s'abaisse pas au-dessous. On place des rayons contre les murs; on s'arrange de façon que la fenêtre soit en partie masquée et n'apporte qu'une demi-lumière; on place sur les planches des rayons de beaux fruits d'été ou d'automne, cueillis huit jours à peu près avant le commencement de la maturation. Quant aux fruits d'hiver, c'est-à-dire, de longue durée, les avis sont partagés. M. Royer, de Namur, les laisse tant qu'il peut sur l'arbre avant de les cueillir et s'en trouve bien. La plupart des autres arboriculteurs les cueillent avant que la maturation se déclare.

En Belgique, où la cueillette des fruits d'hiver a lieu à une époque où la température n'est pas élevée et où l'agitation de l'air est loin de favoriser la décomposition des fruits, le procédé de M. Royer est très-rationnel; mais il ne donnerait pas les mêmes résultats sous les climats où le soleil d'automne est encore chaud et l'air calme : au surplus, la nature indique le moment précis pour chaque variété, lorsque les fruits se détachent et tombent d'eux-mêmes.

Il s'en faut de beaucoup que toutes les productions des arbres fruitiers soient consommées dans leur état de nature. Souvent, pour en tirer parti, on leur fait subir toutes sortes de transformations. Ainsi, par exemple, dans les années d'excessive abondance, on voit des cultivateurs convertir en cidre une partie de leurs pommes sans valeur marchande. Avec les poires, on fabrique du poiré et l'on prépare des poires tapées pour le commerce, ainsi que le fameux raisiné de Bourgogne. Quand les pêches abondent, on en fait sécher une assez grande quantité. Les prunes servent à la préparation des pruneaux, de l'eau-de-vie de prunes et à faire des conserves. Les cerises, enfin, peuvent être séchées, et d'autre part, on les emploie pour l'extraction du kirsch-wasser et la préparation des ratafias.

On n'emploie pas habituellement les pommes à couteau pour la fabrication du cidre, attendu que ce serait faire manger son blé en herbe; on cultive tout exprès pour cela de nombreuses variétés de pommiers, d'un rapport considérable et donnant des fruits soit âpres, soit acides, soit doux, mais en général d'une saveur désagréable. Cependant, comme le jus des pommes à couteau peut au besoin être converti en cidre, je vais vous dire deux mots de cette boisson. On prend des pommes parfaitement mûres et de variétés différentes; on les pile soit avec une meule verticale qui tourne dans une auge en pierre, soit par tout autre moyen. Une fois pilées ainsi, on presse la pulpe de ces pommes entre des lits de paille ou des toiles de crin et l'on presse ainsi à trois reprises. Le jus de la première pressée s'appelle en Normandie le *gros cidre*, celui des deux dernières le *petit cidre*, parce qu'on a ajouté de l'eau au marc.

Le cidre, une fois obtenu, est mis dans des tonneaux, où il éprouve une fermentation alcoolique qui dure de deux à trois mois. Après cela, on peut le boire. Les cultivateurs soigneux soutirent le cidre de mois en mois, jusqu'à ce que la fermentation soit achevée.

En Belgique, ces détails nous paraissent mériter quelque attention, parce qu'il serait très-facile d'y introduire l'usage de cette boisson fermentée.

Le poiré est, à mon avis, plus agréable que le cidre. Il renferme plus d'alcool; aussi l'accuse-t-on d'agiter les nerfs. On le prépare avec les poires qui, en général, donnent deux fois plus de jus que les pommes. Cette boisson se rapproche beaucoup des vins blancs de l'Anjou et de la Sologne; aussi, un grand nombre de marchands de vin en détail de Paris, le vendent pour ce qu'il n'est pas ou s'en servent pour donner ce qu'on appelle du *montant* à leurs petits vins. On le fabrique comme le cidre.

Dans le midi de la Belgique et dans le nord de la France, on désigne sous le nom de *poiré*, non pas une boisson alcoolique comme celle dont nous venons de parler, mais une sorte de confiture plus liquide que pâteuse, et dont les ouvriers font un usage fréquent pour économiser sur le beurre. On prépare ce poiré de diverses manières, selon les localités, mais toujours d'après le même principe. On fait cuire les fruits dans de grandes chaudières; une fois cuits, on en exprime le jus au moyen d'une presse quelconque. Le jus ainsi exprimé est de nouveau versé dans une chaudière, où on le fait bouillir à petit feu pendant 10 ou 12 heures, afin de l'épaissir. Lorsque l'épaississement ne se fait pas comme il faut, on le précipite au moyen de quartiers de fruits crus que l'on introduit dans le sirop.

Il est à craindre que le sirop ne s'attache au fond de la chaudière, brûle et communique à tout le poiré un goût de *brûlé*. Pour éviter cet inconvénient, on met des cailloux au fond de la chaudière pendant la cuisson, et on remue avec une spatule vers la fin de l'opération. Il vaudrait mieux se servir d'une rondelle de bois ou de claies que de cailloux.

Le poiré ne se prépare pas exclusivement avec des poires. On le fait plus souvent avec des pommes, et l'on y ajoute parfois des prunes et même des betteraves.

Les poires peuvent être préparées et conservées longtemps sous le nom de *poires tapées*. Voici de quelle manière on procède : — On prend des poires de Rousselet, d'Angleterre, de doyenné, de beurré, de messire-Jean ou de martin-sec. On enlève la peau, puis on les passe à l'eau bouillante ou on leur donne un ou deux bouillons. Après cela, on retire les poires en question et l'on jette leurs pelures dans l'eau bouillante et on les y laisse cuire jusqu'à ce qu'on puisse en exprimer le jus, en les pressant dans une passoire ou dans un linge propre et blanc. Ce jus étant exprimé, on le fait bouillir jusqu'à ce qu'il passe à l'état de sirop et l'on met de côté le sirop en question. Ceci fait, on retourne aux poires, on les place sur des claies en osier et on les porte au four que l'on chauffe un peu moins que pour la cuisson du pain. On les y remet ainsi trois jours de suite, mais le troisième jour, avant d'enfourner, on aplatit les poires entre les mains, et lorsqu'elles sont aplaties, on les trempe dans le sirop de pelures une fois seulement. Lorsque vous retirez les poires tapées du four, tout est fini ; il ne reste plus qu'à les mettre dans des boîtes garnies de papier et à les livrer au commerce.

Les poires servent enfin à la préparation du *raisiné de Bourgogne*. Pour cela, on prend ordinairement les fruits du messire-Jean ; on les pèle, on les coupe par quartiers et on les fait bouillir avec du vin blanc tout fraîchement sorti du pressoir. Au bout de 6 ou 7 heures d'ébullition, le raisiné est fait.

Quand les pêches de vignes sont très-abondantes, on fabrique aussi des *pêches tapées*. On se borne à les mettre trois fois de suite au four comme les poires, sans autre préparation. Ces fruits secs sont peu agréables et par conséquent peu recherchés.

Avec les prunes, on prépare une immense quantité de pruneaux très-estimés. Pour les dessécher, on a recours à divers procédés. A Agen, d'après M. Petit-Laffitte, on prend de préférence des fruits parfaitement mûrs. Les prunes qui se détachent seules de l'arbre et que l'on ramasse à terre, sont les meilleures. On les lave, si elles sont boueuses, puis on les expose au soleil sur des claies d'osier et l'on a soin de les retourner de temps en temps. Le soleil enlève une partie de l'eau qu'elles contiennent et il n'est plus à craindre qu'elles se déchirent en cuisant au four. Cette cuisson, renouvelée trois fois, achève l'évaporation de l'eau. La première fois, on porte la chaleur du four de 75 à 90° centigrades, la deuxième fois de 100 à 112°, la troisième fois à 125°. Après chaque passage au four, les prunes sont exposées à l'air, où elles se refroidissent, et ce n'est qu'après le refroidissement complet qu'on les retourne sur les claies, pour qu'elles se dessèchent également partout.

Les pruneaux de Tours sont préparés à peu près de la même manière.

Dans quelques contrées, on retire des prunes une eau-de-vie délicate que l'on vend souvent sous le nom de *kirsch*. Pour ne point se laisser tromper et être sûr de l'origine de cette liqueur, il suffit d'y verser de l'eau. Si elle devient laiteuse, vous avez affaire à de l'eau-de-vie de prunes ; le vrai kirsch ne change pas d'aspect. Pour retirer l'alcool des prunes, on les broie avec leurs noyaux et on les laisse fermenter. Quand la fermentation est arrêtée et paraît complète, on distille à feu nu d'abord, puis on rectifie au bain-marie.

On tire encore parti des prunes, et surtout de la reine-Claude, en les conservant dans de l'eau-de-vie. On n'attend pas pour cela qu'elles soient complétement mûres. On les choisit fermes, sans taches ni crevasses, et on les met telles quelles dans des bocaux à large ouverture, que l'on remplit ensuite de bonne eau-de-vie et que l'on expose au soleil et à l'air plusieurs mois durant; après quoi l'on ajoute le sirop. Quelques personnes ne mettent les prunes dans les bocaux qu'après les avoir plongées quelques secondes dans l'eau bouillante.

Les cerises sèches sont délicieuses. Pour les faire sécher, on enlève leurs noyaux, on les enfile comme des grains de chapelets avec de la paille de seigle, et l'on met ces brochettes au four plusieurs fois de suite.

Toutes les variétés de cerises produisent du kirsch par la distillation, mais on préfère la *griotte*, la cerise de bois. On la broie avec le noyau ou bien l'on en broie une partie, on laisse fermenter 12 ou 15 jours, quelquefois pendant plusieurs mois, mais à tort, et l'on distille à feu nu, pour rectifier ensuite au bain-marie. Le premier tiers du kirsch est mis de côté comme trop fort; le second tiers est recueilli comme étant de qualité supérieure; le troisième qui n'a pas le degré voulu est confondu avec le premier. Ce n'est qu'au bout de cinq ou six ans que les qualités du kirsch sont suffisamment développées. Mais je dois ajouter qu'il est difficile de rencontrer, dans le commerce, du kirsch excellent. Comme dans toutes les industries, on a visé à la quantité aux dépens de la qualité. Le trois-six joue dans la fabrication un rôle qu'il ne devrait point y jouer.

Les ratafias de cerises sont fort estimés, et, entre autres, celui de Grenoble, dont voici la recette.

Prenez dix kilogrammes de cerises noires pilées; laissez-les fermenter pendant trois jours. Ajoutez-y sept kilogr. et demi d'eau-de-vie à 21°, soixante-deux grammes de cannelle, trente et un grammes de noix muscade; laissez macérer le tout pendant huit jours; puis, tirez au clair et mettez dans la liqueur cinq kilogrammes de sirop. Voilà tout le mystère.

Tenez-vous à une seconde recette pour la préparation d'un excellent ratafia de cerises, je m'empresse de vous la donner.

Prenez quatre kilogrammes de cerises aigres à courte queue et écrasez-les avec leurs noyaux. Faites macérer cela dans quatre kilogrammes d'eau-de-vie à 22°. Au bout d'un mois, passez dans un linge, en exprimant le jus de toutes vos forces et pour chaque livre de liqueur obtenue (500 grammes), mettez quatre-vingt-douze grammes de sucre en poudre et filtrez sur de la laine.

Maintenant, mes amis, dit M. Mathieu, maintenant que les élèves en savent autant que le maître, il ne me reste plus qu'à prendre ma retraite.

— Bien obligé, monsieur Mathieu.

— Il n'y a pas de quoi, mes amis.

FIN.

TABLE DES MATIÈRES.

FIN DE LA TABLE DES MATIÈRES.

Les Directeurs des Dépôts peuvent adresser les demandes sans affranchir, à l'Editeur de la BIBLIOTHÈQUE RURALE, *sous le couvert de M. le* MINISTRE DE L'INTÉRIEUR A BRUXELLES.

Bibliothèque Rurale,

INSTITUÉE PAR LE GOUVERNEMENT BELGE.

Ouvrages publiés en français et en flamand.

ANNUAIRE AGRICOLE. Un v. avec tableaux statistiques.	1 fr. 25 c.
MANUEL DE CULTURE. Un vol. avec planches grav.	80 »
EMPLOI DE LA CHAUX EN AGRICULTURE. Un vol.	20 »
MANUEL DE COMPTABILITÉ AGRICOLE. Un vol.	40 »
MANUEL D'ARBORICULTURE. 2 vol. avec 205 pl. grav.	1 fr. 55 »
MANUEL DE DRAINAGE. Un vol. avec 88 pl. grav.	1 fr. 10 »
MANUEL DE CHIMIE AGRICOLE. Un vol. avec pl. grav.	1 fr. 25 »
MANUEL D'IRRIGATION. Un vol. avec 100 pl. grav.	60 »
CHOIX DES VACHES LAITIÈRES. Un vol. avec pl.	40 »
MANUEL DU MARÉCHAL FERRANT. Un vol. avec pl. gr.	30 »
MANUEL D'HYGIÈNE. Un vol. avec pl. grav.	75 »
MANUEL FORESTIER. Un vol. avec pl. grav.	30 »
TRAITÉ DES ENGRAIS ET AMENDEMENTS. Un v. avec pl.	55 »
TRAITÉ DES INSTRUMENTS D'AGRICULTURE. Un v. avec pl.	90 »
DE LA CULTURE DES PLANTES OLÉAGINEUSES. Un v. avec pl.	35 »
MANUEL DE MÉDECINE VÉTÉRINAIRE. Un v. avec pl. (1re p.)	55 »
L'AGRICULTURE A L'EXPOSITION DE LONDRES. Un vol.	35 »
LES VIGNES ET LES VINS. Un vol.	30 »
MANUEL DE CULTURE MARAICHÈRE 2 vol. avec pl. grav.	1 fr. 90 »
DU MURIER ET DES VERS A SOIE. 1 vol. avec pl. grav.	1 fr. » »
TRAITÉ DE DRAINAGE, par Leclerc. Un v. avec 127 gr.	2 fr. » »
DE LA CULTURE DES PLANTES-RACINES. Un vol. avec pl.	90 »
DE LA CULTURE DES ARBRES FRUITIERS. Un vol. avec 14 grav.	50 »
ALMANACH DES AGRICULTEURS (1854).	1 fr. » »

En vente chez le même éditeur :

COURS D'ÉCONOMIE RURALE. 2 vol. gr. in-18, avec pl.	4 fr. » »
COURS D'AGRICULTURE, par Gasparin, 5 vol. in-8° (édit. de Paris). au lieu de 40 fr.	25 fr. » »
DICTIONNAIRE D'AGRICULTURE. 2 vol. in-8°.	15 fr. » »

Bibliothèque Industrielle,

INSTITUÉE PAR LE GOUVERNEMENT BELGE.

Ouvrages publiés en français et en flamand.

ALMANACH INDUSTRIEL. Un vol. avec pl. grav.	Prix : 50 c.
GÉOMÉTRIE PRATIQUE. Un vol. avec pl. grav.	50 »
PRINCIPES DE PHYSIQUE. Un vol. avec pl. grav.	[illegible] »
TRAITÉ DE CONSTRUCTION. Un vol. avec pl. grav.	25 »
MANUEL DU TISSERAND. Un vol. avec pl. grav.	25 »
DE LA CONNAISSANCE DES MÉTAUX. Un vol. avec pl. gr.	30 »
MANUEL DE CHIMIE APPLIQUÉE. Un vol. avec pl. grav.	45 »
DE LA CHARPENTE. Un vol. avec pl. grav.	45 »
DE LA CONNAISSANCE DES BOIS. Un vol. avec pl. grav.	40 »
MANUEL DU SERRURIER. Un vol. avec pl. grav.	40 »
ÉLÉMENTS D'ARITHMÉTIQUE. Un vol.	30 »

Chaque volume avec couverture dorée coûte **30** *centimes de plus.*

www.ingramcontent.com/pod-product-compliance
Lightning Source LLC
Chambersburg PA
CBHW062010200326
41519CB00017B/4755
9782019533083